SDGsの先駆者
９人の女性とごみ環境

青木　泰（環境ジャーナリスト）著

SDGsの先駆者　9人の女性とごみ環境

目次

2．生ごみ資源化の前人未到の実験　加納　好子さん……117

第4章　未来に向けて夢あるリサイクル……197

まえがき

国連の持続可能な開発計画・SDGsが大きな関心事となり、廃棄されたプラスチックによる海洋汚染、地球環境問題が身近な話題となる時代になった。誰も取り残さないと謳われるとともに、私たち一人一人が、何ができるかと問われる時代になった。このごろは、プラスチックのストローやスプーンなどがお店から消え、人は環境のために何をしているかと問われると、ごみの分別（ぶんべつ）やリサイクルをすると答え、マイバッグを持参し、レジ袋を使わないようにしているという。

ＳＤＧｓによってごみ問題が身近になったことを歓迎しつつ、私は、ごみ問題に係わってきた女性たちが築き上げてきた類いまれな足跡を、どのように伝え残すのかと考えてきた。戦後の社会問題の現代史に残るような足跡と事実は、このまま時間が経てば消え去っていくことになる。この足跡を、本人たち９人への取材を通して、広く伝え残したい。この本は、そのような意図のもと企画した。

振りかえって、戦後、世界第一の経済発展を遂げた当時の日本では、大量生産・大量消費・大量廃棄を進め、ごみは右肩上がりに増大した。この膨大なごみ処理に、時代は悪戦苦闘した。その結果、日本社会は、大量に生み出されるごみを、各地で大型焼却炉を建設して燃やし、埋め立て地を探し処分した。いつか焼却炉の保有数は、世界の３分の２となった。経済発展の下、ごみの処理に追われ、処理処分（焼却・埋め立て）が、新たな環境汚染を起こす。そうした混乱した時代だった。

今、オリンピックやサッカーワールドカップの観客席のごみを拾い、片付けることで称賛される日本人がいる。また日本でいくつもに分けるごみの分別(ぶんべつ)の実態を知ると、世界の人たちは驚嘆する。EUなどの外国メディアも取材に来るごみの分別。日本人は、若者を含め、実にまめにごみを出さないように、普段から気をつけ、労苦を惜しまない。世界にも珍しい日本人の世界的なイベントでのごみ拾い行動は、ごみの資源化活動の中から生み出されたと言える。

小さな島国である日本には、ごみ焼却炉が世界の半数以上もあり、その一方で、ごみのリサイクル・資源化に熱心に取り組む市民がいる。世界の誰もがおそらく理解不能になる不思議の国ニッポン。日本はどこに向かっていくのか?

この日本で、私たちの行方を指し示してきたのが、増え続けるごみの処理による不法投棄や焼却炉から排出されるダイオキシン汚染と向き合い、ごみ自体を削減する資源リサイクルの試みである。それを担っていったのは、多くは女性たちであった。毎日の生活の中で、ごみの始末を主に担い、もったいない精神の下、ごみの分別・減量化を図ってきた。本書に紹介する9人の女性が提案したごみ処理のルールは各地で定着し、それが全国に広がり、街々のごみ処理のルールとなってきた。環境汚染の調査・チェックにも新たな視点で挑んだ。これらは、話を聞いた新世代からは、ソーシャル・グッドな活動という声が上がる。

日本では、ごみの処理のルールは、各市町村ごとに定め、そのためごみの分別を示すカレンダーは、街ごとに異なっている。しかし燃えるごみの回数は週2回、有料袋は大中小とごみ出し量が少ない袋の値段が安くなり、また紙ごみの資源回収などのルールは、ごみの減量化を考えたルールであり、ほぼ共通している。この本では、そうしたルールが、誰によってどのような経過で築かれたのか知ることができ、ごみ問題が今以上に身近になると思う。

この本では、ごみの焼却による環境影響の新たな調査方法や、新たなリサイクルとして、壊れたお茶碗から再生する廃棄陶磁器や、生ごみと花の苗との交換によって街を花一杯にした未来型ごみの処理の取組みなどが登場する。取り組んだご本人にも報告していただき、インタビューにお答えいただいた。9人が取り組んだテーマは、それぞれ違い、取り組み方も異なっているが、それまでなかった道筋を示した功績は等しく重いものがある。

いま世界が抱えている問題は、ごみ環境問題に限らず気候変動による災害・飢饉・貧困・差別から誰一人取り残すことなく人々を守ってゆく事が問われ、国連はSDGsの17の目標を掲げた。しかしどれ一つ簡単ではなく、どこからどのように始めるのかと考えた時、この9人の女性の格闘とその足跡は、大きな参考になると思う。

この本を手にして、9人の女性が築き上げた世界の扉を開き、共有していただきたい。

編著者　環境ジャーナリスト　青木　泰

序章

９人の女性が取り組んだごみ問題

・定着した資源リサイクル

・最難関・生ごみ資源化への取組み

・焼却による大気環境への影響と新たな調査

・未来に羽ばたく資源リサイクル

本書でご紹介する9人の女性たちは、ごみ処理を取り巻く諸課題に向き合い社会のルール変革を、暮らしの中で進めてきた先達です。

1章から4章にかけてお読みいただければ、まさにSDGsの先駆者であり、人として、生きる社会をよりよくするために道を拓いてきた彼女たちの、多くの困難と挑戦が理解していただけると思います。そして読者の皆さんの自らの取組みや考えの参考にしていただければと思います。

1章は、「ごみ減量化に向けての取組み」とし、3人（坪井照子さん、中村恵子さん、園田真見子さん）をご紹介します。

日本では、家庭からでるごみの処理は、基礎自治体である市町村が、計画を立て、その計画に基づきその市町村が実行する法制度になっています。そのため各市町村のごみのカレンダーは、似かよっているようで、自治体ごとに違っています。そうした中でも、私たちが毎日行うごみの処理で、多くの自治体でルールとして定着しているのが、「可燃ごみの週2日制」「ごみ袋の有料化」「紙ごみのリサイクル」です。3人は、ごみの資源化＝減量化を念頭にして、これらの制度をそれぞれ提唱し、制度実現にあたって、先駆的に活動された方々です。

どの様なルールも、長所と短所があり、賛否があります。それでも制度化され定着されて来たのには、地球の環境負荷の軽減という側面で合理性があったからと考えられます。

私たちの多くが、日々のごみ処理の中で実施しているルールが、どの様な経過を経て、ルール化されたものかを知ることは、そこで活動された人物への関心や興味だけでなく、今後のルールの改良や発展に欠かせないと思います。

今、私たち一人一人がSDGsの持続可能な開発目標を、ごみ環境問題の中で考える時には、1章で紹介する3人の先人が、取り組んだ経緯は、追体験のできる大事な参考書となると思います。そのような観点からまず第1章をお届けします。

第2章の生ごみ資源化の先駆者のお2人（福渡和子さん、加納好子さん）。生ごみを燃やさず、資源化する取組みを行ってきました。

家庭から出されるごみは、「生ごみ」、「紙ごみ」、「プラごみ（プラスチック）」が、3大要素ですが、ほとんどの市町村では、生ごみも含めて燃やされています。生ごみは80％以上水分であり、生ごみを燃やしている国は、ほとんどないと福渡さんも著書『生ごみは、可燃ごみか』（幻冬舎新書）に書かれています。

小さな島国の日本には、世界の過半のごみの焼却施設があるという点に加え、この生ごみを燃やすという点で、珍しい国であり、生ごみの非焼却、資源化は今もせめぎあいのある課題です。

お二人の報告を通して、どの様に変えていけばよいのか、考えていきたいと思います。

第3章は、環境調査です。ごみ問題に多くの人が関心を持つきっかけは、ごみを燃やすことによるダイオキシンやPM2・5等の有害物の発生による健康への影響です。第3章のお2人（西岡政子さん、池田こみちさん）は、この環境調査に新しい視点と方法を確立しました。

西岡さんは、ごみ焼却炉周辺の小中学生に喘息の被患者が多いことを発見し、焼却炉の稼働を休・廃止する活動を行いました。

池田こみちさんは、大気中のダイオキシンを測定する方法として、松葉にダイオキシンが蓄積されることから松葉調査によって測定する方法を確立しました。お2人の世界的にも注目される報告をお聞きし、今後に生かしていきたいと思います。

第4章は、未来に向けての夢あるリサイクルです。取り上げたお2人（江尻京子さん、吉田義枝さん）は、壊れたおちゃわんを再生し、リサイクル食器として生まれ変わらせる仕組みを作った江尻さんと、生ごみを堆肥化施設に持ってくれれば、花の苗を無償で提供するという仕組みを作り、街中を花いっぱいの街にした吉田さんです。

これまで考えもつかなかったようなリサイクルや街づくり、お２人の足跡を追うだけで、夢が膨らみます。

ごみ問題を考えるとき、９人の皆さんの環境政策は、もったいない精神をベースにし、様々な抵抗がある中で、それをものともせず、新しい地平を築いた素晴らしい活動です。

当時世界第一の経済成長を図り、大量生産、大量消費、大量廃棄の下、世界の３分の２の焼却炉を持つところまでいった日本。振り返り、象徴的に言うと「男性が造った焼却炉」に対して「女性が築いてきた資源リサイクル」と言え、女性たちによるごみの減量化への取組みによって、世界からも賞賛、注目されるようになったと言えます。

９人の皆さんが取り組んできた領域は、それぞれ異なり、立ち位置も、主婦、市民団体、ＮＰＯ、民間環境研究所研究員、自治体職員などと異なっています。いま国連が求めているＳＤＧｓの開発目標が、個人や組織・団体の区別なく、全ての人々が、前向きに取り組んでいくことを提唱していることを考えた時、９人の活動は、私たちがＳＤＧｓに取り組むときに、大きく参考になると思います。

(1) 定着した資源リサイクル

坪井照子さんは、可燃ごみの収集回数を、週３日から週２日にするという提案をしました。

ごみを安易に捨てられないように出口を規制すれば、ごみになるものは買わないことにつながります。また１週間の内、燃やすごみの収集日を減らせば、それを資源の回収に充てることもできる。という考えのもとに市民活動は進められました。

一方で、ごみが捨てられる日が少なくなり、サービスが低下します。市長も野党系の議員からも賛同が得られない中でコツコツと訴え続けました。

坪井さんらの活動を支えたのは、増え続ける都市部のごみが処理に困って、地方の山野に不法投棄され、環境を破壊する現場を見てきたご自身の危機感があったことと、坪井さんの友人である井手敏彦沼津市長が提唱した「可燃ごみ」「不燃ごみ」に加え、「資源」を分別に加え、ごみ減量化を図った沼津方式が全国に広がり資源化が当時のトレンドになっていたことがあると思います。

生活者の立場から、坪井さんは自ら保谷市の市議会議員になって主張を続け、2期目ではトップ当選して、まず田無市からそして合併した西東京市へと週2日制を実現させたのです。当時高度成長期ごみは増え続け、ごみを抑制することが大きな社会問題となる中で、坪井さんらがこの取り組みを行った背景は、「台所から出発した環境市民活動～35年のごみ問題奮闘記」に書かれています。

中村恵子さんのごみ袋の有料化は、従量制にして、ごみ量が増えれば、増えただけ袋代がかかる、有料化方式です。個々人がごみ量を減らせば、それが自治体としての処理費の軽減になります。有料化は、中村さんが言われるように、個々人の節約する営みが、自治体が処理するごみの抑制につながります。その点は、理屈として分かっていても、袋代にお金が掛かり、家計の出費が増えます。そのためにやはり反対が多く、当時有料化に賛成することは、大変勇気のいることだったと思います。今レジ袋の有料化は、プラスチックの使用抑制という公共政策と結んで、実施されていますが、中村さんが提案した有料化に起源を見ることができます。

園田真見子さんらがつくった古紙問題市民行

動ネットワークによる資源リサイクルの問題提起は、ある時、古紙やビン缶等の資源回収が各地で突然中断されたことがきっかけでした。

古紙回収は、回収する民間事業者が、存在して初めてできていたことを、中断されたことで初めて市民は知ることになりました。回収業は、江戸時代やさらに遡って、ものを大事にして循環利用するという文化に起源をもっています。ところが、高度成長の中で、海外の森林伐採によって大量のパルプが輸入され、バージン紙が安くなり、再生紙が市場流通できなくなったのです。民間の回収業者の人たちは、古紙を回収しても、回収コストに見合った価格で販売できず、事業を閉めたり倒産することが相次ぎました。回収業者がいなくなれば、古紙は、燃やすごみとして処理するしかなくなります。

古紙の再生紙化の流れは、再利用を願って資源として出す市民、回収業者、古紙を買い上げ再生紙に生産する再生紙製造業者、そして再生紙を使うユーザ(行政や企業そして一般消費者)すべてに係る問題です。

園田さんたちは、どこから切り込めば、回収業者を助け、再生紙の使用を広げ、今までなかった再生紙のユーザに届く循環システムを創れるのか、なかなか答えが見つからない問題を見事、市民団体の活動によって解決したのです。

一企業や一行政、国の省庁の力でも動かすことができなかった難問を、「再生紙を使おう」という訴えと自治体が古紙回収を事業として確立する、この2つの方向性を打ち出した市民の力で、古紙の資源化が崩壊する危機を救ったのです。この古紙の問題は戦後の市民活動の歴史を振り返る中でも、画期的な取組みであったと言えます。

坪井さんの週3日収集から週2日への移行、中村さんのごみ袋の有料化、園田さんの古紙問題市民行動ネットワークの提案は、それまでの日本の住民活動が、住民が受ける行政サービスを拡大することが、中心だったことから、より良い行政の在り方を住民自身が提案・企画する時代を先駆ける取組みだったと思います。

1章の、坪井さん、中村さん、園田さんたちが作り上げたごみの処理方式は、今や全国の自治体に当たり前のように広く根付いています。

(2) 最難関・生ごみ資源化への取組み

家庭から出されるごみの3大要素である生ごみ、紙ごみ、プラごみの内、生ごみの資源化は、一番大変な取り組みとされてきました。そうした中で、２章の福渡さん、加納さんが取り組まれた活動は大きな意義を持っています。

福渡さんが、生ごみ問題に取り組むきっかけは、古紙回収が行われなくなったことだと語られていますが、福渡さんは、古紙回収だけではなく、資源回収する仕組みの醍醐味を、生ごみの資源回収に見つけました。生ごみは、堆肥にして利用すれば、おいしい有機野菜として産代（うみかえ）、おいしい野菜を食べることができる。それが、可燃ごみとして扱われ、焼却炉で燃やされていることは、何ともったいない事かと感じたということです。

また福渡さんの探求心は地球温暖化問題にも触れています。水分を80％前後含む生ごみを焼却炉で燃やせば、水を蒸発させる気化熱に60倍ものエネルギーが掛かり、焼却炉はこの水の蒸発のために、重油やプラスチックなどの化石燃料を補助燃料として使うことが必要になる点を見つけ『生ごみは、可燃ごみか』という著書も出されています。

水の蒸発のためには、驚くほど化石燃料を使い、そこで発生するCO_2は、化石燃料由来のCO_2にカウントされます。生ごみを焼却炉で燃やすことの問題を誰よりも声高く訴えてきたのです。

福渡さんの生ごみリサイクル全国ネットワー

クや有機農産物普及・堆肥化推進協会が継続的に行った活動のおかげで、ごみの焼却を行う自治体でも、生ごみの堆肥化などに取り組む市民をサポートする仕組みは設けられ、生ごみ資源化の重要性は繰り返し確認されてきました。

加納好子さんは、生ごみの堆肥化や資源化に尽力した方です。自治体に堆肥化推進委員会を設けさせ、自らも副代表という役職を担いながら、1万世帯のモデル地域を設定し、実証実験に取り組んだのです。

加納さんは、迷惑施設とされる焼却炉を建設する久喜・宮代衛生組合（構成市は、久喜市と宮代町）の宮代町の住民でした。その焼却炉の建設に当たり、排煙がもたらす健康への影響に隣町の住民が反対したことが出発にありました。住民の反対の声に耳を傾け、排煙の調査を行い、ダイオキシン等の汚染濃度が大変高いという結果も、包み隠さず発表し、同時に燃やすごみを減らす対策に入りました。まだダイオキシン特別措置法が成立する前の取組みでした。

ダイオキシン発生の元凶であるプラスチックを燃やすごみから取り除き、生ごみ等も燃やさないようにし、燃やすごみを大幅に削減し、環境負荷を低下するようにしたのです。

職員組合の人たちと協力しながら、実践していきました。一見不都合となる情報も明らかにし、問題解決を住民と共に進めるそのような行政は、なかなか見当たらない中で、当時、久喜・宮代の取組みは注目されました。

この住民と共に、考え進むという姿勢は、久喜・宮代の場合、生ごみ堆肥化に丁寧に取り組み、その延長線上で、生ごみの好気発酵処理であるＨＤＭ方式にどの自治体よりも早く、取り組む次の動きに生かされました。

そして今、久喜・宮代での取組みは、御殿場市でＨＤＭ方式として花開き、豊橋市では、生ごみの分別・資源化を全世帯で実現し、メタン発電を成功させ、毎年3億円の売電収入を得、今後の生ごみ処理の先進的在り方として注目されています。加納さんらの取組みが、その道を開いたのです。

生ごみの処理は下水処理施設が完備されている大都市部では、ディスポーザで収集することが可能ですが、それ以外の多くの都市では、まず市民が生ごみを分別収集することが不可欠です。その分別収集の壮大な実験のその後もご確認ください。

(3) 焼却による大気環境への影響と新たな調査

家庭から出されるごみが分別(ぶんべつ)され、ごみの減量化や資源化が大きく進んできたことは事実ですが、その一方で、大半のごみが、相変わらず燃やされ、埋め立て処分されています。

ごみ問題に取り組む皆さんが、焼却による影響を心配する市民の感覚と合った環境調査方法が欲しいと考えていた時、その方法を提示したのが横浜市の西岡政子さんと環境総合研究所の池田こみちさんです。

西岡政子さんは、横浜市の市民団体「栄工場のゴミを考える会」の代表として、焼却炉の排煙がもたらす周辺住民への喘息発症への影響を調査し、ごみの削減、焼却炉の削減に取り組んできたことで有名です。

移り住んだ、環境に良いはずの横浜市栄町で、夫が喘息を再発し、自分も体調を崩しました。そして、学校保健調査の調査データを調べ、汚染源がごみ焼却場であり、排煙が流れる近隣地域にある小中学生の喘息被患率が、平均的な場所の6倍以上もあることを見つけたのです。

そして、たまたま、発生源と思われた栄清掃工場の焼却炉が、メンテナンスで稼働停止することがあり、停止後の喘息の被患率が「0」近くに激減しました。焼却炉の影響だったことが疫学的にも分かったのです。

当時の横浜市中田宏市長が、進めつつあった

Ｇ30、ごみの30％削減策の下で、最終的には横浜市が持つ焼却炉を7個から4個に、3個減らすことに成功しました。

行政を動かすためには、ごみ焼却炉が、喘息の原因となっていることを示す科学的データが必要ですが、学校保健法に基づく小中高生徒などの健康調査は疫学調査の役割をすることを見つけたのが、西岡さんでした。小中学校は自治体ごとにまんべんなく配置され、そこに生活する生徒の健康調査データは、焼却炉による人への影響調査として役に立つという西岡さんの発見は、日本の環境調査の中で、大きな発見でした。廃棄物資源循環学会に、「都市ごみ焼却炉等から排出されるＰＭ2・5による生徒・児童の喘息発症の影響」として、煤塵が周辺生徒への喘息の影響を与えることを論文発表（青木と共同）し、ネットでも見ることができます。

ダイオキシン松葉調査を確立した池田さんの活動も、ご紹介しました。大気環境汚染物は、発生源でチェックし規制するのが一番効果的な規制方法ですが、発生源のデータは、事業者自らが行う仕組みであり、信頼性に欠ける現状では、大気中の汚染濃度を測る方法があれば最善策となります。

池田さんは、全国どこの地域にも植わっている松の木の松葉に注目し、特に汚染源と考えられる周辺部の松葉のダイオキシン調査によって、その地域の大気中のダイオキシン汚染を推定する方法を採用したのです。生活クラブやグリーンコープなどの生協の組合員の皆さんが、大気環境を調査するという大義の下に、調査資金を集めたり、自ら採取作業を分担するなどの協力を行い、調査を実現することができました。

池田さんが、副所長を務めていた㈱環境総合研究所は、様々な環境問題に取り組む市民団体が、必要とする環境調査を引き受けてくれる民間研究機関・シンクタンクです。環境問題の難しさは、環境影響を告発する住民の側が問題を訴えても、それを客観的に明らかにする調査データがなかなか提出できないことにありました。住民の中に、体調が悪くなり、健康被害が頻発しても、発生源を特定して、それを止めさせるには調査資料が必要になり、住民が揃えることは難しかったのです。

そうした中で住民サイドに立って、企業や法人、行政による環境汚染をチェックする民間研究機関が、㈱環境総合研究所でした。同研究所は、青山貞一（武蔵工業大学・後に名称変更し東京都市大学名誉教授）所長が中心になって、「環境行政改革フォーラム」と言う、市民、市民団体、研究者、弁護士、などが参加する独立した小さな学会も、主宰していました。（現在は、㈱環境総合研究所は、鷹取敦代表）

今回取り上げたのは、池田さんが、環境総合研究所のバックアップを得て、確立したダイオキシン松葉調査です。この調査法は、99年から取り組み始め、世界のダイオキシン学会に報告し、新たな環境調査方式として注目を集めています。

西岡さんの喘息の調査、池田さんのダイオキシン松葉調査、いずれも住民に寄り添った調査方法が、日本のごみ問題の取組みの中から生み出され、新たな環境チェックの方法として定着しつつあります。

その足跡を、第３章で詳しくご報告します。

(4) 未来に羽ばたく資源リサイクル

地球の温暖化による気候変動。そしてＳＤＧｓで、改めて注目を浴びつつあるごみ問題。未来に向けて期待できる取組みがすでに始まっています。

江尻京子さんが、取り組み始めたおちゃわんプロジェクトは、廃棄陶磁器のリサイクルです。各家庭に使用されず、蚤の市や青空市場のような場所に、展示され売り出される陶磁器を再利用することをリユースといいますが、おちゃわんプロジェクト（食器リサイクル全国ネットワーク）で取り扱っているのは、そのリユースに加え、リサイクル、つまり、壊れた廃陶磁器を再生利用する試みも実施しています。

・岐阜県のセラミックス研究所の長谷川善一研究員のように技術的な点を試行実験する研究と

・東京などの巨大消費地にあって、壊れた廃陶磁器を集め、陶産地に運ぶ仕組みづくり

・そして陶産地で集めた廃陶磁器を、再び製品に産み変える事業者（粉砕・再生粘土づくり・成形・焼成）との連携

江尻さんは、こうした仕組みを、多治見市と瀬戸市の陶磁器メーカと連携して作り、それぞれ「Ｒｅ食器」「Ｒｅ瀬ッ戸」として流通させてきました。

家庭から出るごみの中では割合はわずかとはいえ、廃陶磁器の量は約1割にも及び、無視できるほどの量ではありません。

一方で、資源化された再生陶磁器を家庭で使うようになれば、江尻さんが言われるように、どの様なものでも資源利用できる見本として、また資源再生の大切さを身近で感じることのできる素材として生かしていくことができます。江尻さんらは、すでにリサイクル粘土を使った陶磁器教室やアート作品作りにも取り組み、再生陶磁器の夢を広げつつあります。

戸田市の環境部の副主幹であった吉田義枝さんの取組みは、ごみの資源化を活用して、街を花一杯にするというものです。吉田さんの持論は、「ごみは資源、宝だ」。多くの自治体は、ごみの資源化に取り組んでいましたが、吉田さんの発想は、それらをはるかに超え、生ごみを、堆肥化のために市に運べば、花の苗と交換するというのです。

・花の苗のコストを下げるために、種から苗を育てる花苗センターを作り、

・ディズニーランドで、花壇づくりをしていたプロをスカウトし、
・花苗センターを障がい者の雇用の場とする
などの工夫の末に実現しました。

戸田市では、環境部だけでなく、その他の部門からも花の苗の提供を求められ、市内の道路端に花が植わり、自宅の庭を地域に開放し、誰でも入って見ることができるオープンガーデンが設けられ、地域の住民が花を楽しみ、駅でも花を飾る棚が設けられました。

吉田さんが戸田市の環境部の中で実行してきたことは、廃棄物＝ごみを資源に転換する。生活に潤いをもたらし、街中を明るくするという事です。

江尻さんの廃食器のリサイクル、吉田さんの花一杯の街づくり、その夢のある取組みも第4章でたっぷりとお楽しみください。

本書でご紹介する9人の女性は、私たちが毎日の生活の中で、ごみを分別、資源化する基本的なルールを作り、生ごみも資源化することを啓蒙し、ごみ焼却による環境影響をチェックし、夢開く資源化処理を提案されてきました。

9人は、一人一人が違っていて、同じ人はいません。

本書で取り上げたごみ環境政策に同じく取り組んできた「止めよう！ダイオキシン汚染・関東ネットワーク」代表の佐藤れい子さんは、「ミッション（＝使命感）」「パッション（＝熱情）」「アクション（＝行動）」が大事と言っています。確かにどのようなことを取り組むにあたっても、この3つは、大事であり、9人の女性は、3つを保持し、ひるむことなく課題解決を図ってきたと言えると思います。

私たちの社会は、売買できる有価物としての商品を生産することを中心にした動脈産業社会

でした。売れる商品を増大するためにできるだけ安く作ることが至上命題でした。しかし、大量生産、大量消費、大量廃棄の下、大量に排出される廃棄物によって、環境や健康、そして財政まで浸食され、最近になってごみの減量化、資源化に取り組みむことが重要であると気づいてきたのではないでしょうか。

産み出される廃棄物は、食品ロスで見ると、日本を含む先進国では生産高の1割をはるかに超える量が廃棄されています。

取り上げた9人の女性の活動は、私たちが生きて生活している社会を、もう一度、廃棄物を極限まで無くし、資源化流通させる静脈産業を、どのように作り上げるのかの課題を、私たちに提案しているように思います。

SDGsの先駆者たちの活動を「誰も取り残さない」の大原則の下、私たちがどう実現していくか問われているのだと思います。

そのために9人の女性の足跡を追体験してください。

第1章

ごみの減量化に向けての取組み

1．可燃ごみの週２日収集制への移行

坪井　照子さん

- 「台所から出発した環境市民活動
　～35年のごみ問題奮闘記」
- 可燃ごみ週２日収集制への移行秘話
- ごみ問題の市民活動を振り返って

2．ごみ有料化

中村　恵子さん

- なぜ有料化が伊達市の取組みとして広がったのか？
- 有料化論への緒論
- 有料化問題の今後の課題は
- 次世代に伝えたいこと

3．紙ごみの分別・資源化

園田真見子さん

- 古紙回収の仕組みと危機
- 古紙ネットの活動を振り返って
- 次世代に伝えたいこと

1. 可燃ごみの週2日収集制への移行

坪井　照子さん

坪井照子さんたちが保谷市（田無市と市町村合併して現在西東京市）で取り組まれ、田無市・西東京市で実施された可燃ごみの週2日収集制は、現在多くの市町村に定着しています。住民は、週2日可燃ごみを出しながら、それが誰によって、いつ提唱され、制度となってきたのか、知っている人は少ないと思います。可燃ごみの回収日数や回収方法は、自治体ごとに違っていますが、70年代当時、毎日ごみを出しても良い所や、週3日回収に移行していたところもありました。坪井さんがお住まいの旧保谷市は、週3日の回収であり、それを2日に減らすというのは、大変なことであったろうと想像できます。まず、坪井照子さんの講演会「台所

図表1　所沢市のごみステーション看板
燃やせるごみ（可燃ごみ）は、週2日と表示

から出発した環境市民活動～35年のごみの奮闘記」の記録から当時の保谷市を中心としたごみ問題の状況を紹介します。次に、可燃ごみ収集を週2日制に移行させていった秘話について、インタビューでより詳しくお聞きします。

1 「台所から出発した環境市民活動～35年のごみ問題奮闘記」（※1）

坪井　照子

(1) 生協の活動からごみ問題へ

私は学者でもジャーナリストでもない。74歳で「あといつまでこうした運動がやれるかな」と思いながら、台所を中心に家庭ごみ、一般廃棄物問題について長年取り組んできたことをお話ししたい。

私が小学生の頃は、今でいう3R（Reduce,

Reuse, Recycle）の時代ですね。鉄くずを買いに、ビン類やボロ布、そして古新聞などを買いに来る人たちが、必ず街の一角にいた。そして戦争に突入するとやはり物はなくなり、食糧には大変困った時代を過ごし、日本には豊かな資源はないのだと子ども心に実感したものだ。敗戦後、新制高校を卒業後は東京に出て美術学校へ行き、自由を謳歌して非常にフランクな思想を持って行動した。

60年代に母親になったが、高度経済成長、この時代に子育てをする中で、やはり一抹の不安があった。その頃の調味料は醤油をはじめとして保存料が入っており、魚の血合いを血抜きにしてウサギ肉や鶏肉の動物蛋白を加えて色をつけ、そして殺菌剤や保存料を入れて作ったという魚肉ソーセージが、スーパーの軒先で堂々とお日様に当たって出ている時代だった。太陽に温められても腐らない、加工品は当たり前のことだった。

72年に安全な食材を求め、生活クラブに入り、自分の地域に協同組合の組織づくりをしようということになった。その中で自分たちの組織活動を拡大し、組合員の意思疎通を図るために、チラシや通信を作成したが、そのための紙が、トイレットペーパーが、生活用品が一気に市場から消えた。第一次オイルショックである。市民はパニック状態になり、この時も子育て最中で物不足日本の不安を実感した。

紙が欲しい、トイレットペーパーが欲しい、と思い、古紙回収を行って製紙工場に行ったりもした。しかし人為的なオイルショックは3ヶ月くらいで収まり、集めた古紙はお金に変わった。「分ければ資源」というように有価物になったのである。当時古紙は29円／kgだった。「集める力を継続しよう。資金作りにもなる。」と古紙を集めたのが、ごみ問題に関心を持つきっかけだった。

毎月、資源回収を行っていく過程で、今は西東京市となっている保谷市の清掃行政に直に接した。ずいぶん無駄な回収の仕方で、お金をかけて資源を捨てていたこともわかった。多くの自治体は、ごみを秘密裏に地方に持って行って捨てていたのだ。ごみが運び込まれていた西多摩瑞穂町の小学校では、わーっとハエが寄ってくるので、大きな袋をかぶって給食を食べるような状況が起きていた。それは瑞穂クリーン作戦としてクローズアップされ、町にごみを搬入している自治体が訴えられる事態となった。

その後、日の出町の山に大きな最終処分場ができ、多摩32市町村（現在は26市町）の焼却灰も埋め立てごみも持ち込まれるようになった。「合成ゴムシートが敷いてあるから、50年は持つ」と説明されていたが、10年と経たないうちに問題が持ち上がった。それもそのはず、不燃物などいろんなものが埋め立てられ、中には鋭利な瀬戸欠けやガラスの破片もあり、それらをブルドーザーで均して押さえるため、シートに穴が空くのである。地下水は汚され、地域住民の井戸は汚れ、河川水や周辺大気の汚染等の問題は解決せずに今もって裁判が続いている。

(2) あふれるモノと、ずさんなごみ行政の中で

以前は、国内の2％の自治体でごみを毎日収集していた。私の街でも道路が狭くてダストボックスがない代わりに、可燃物は月曜から土曜までの毎日、あり合わせの袋で集めていた。すると市民は「出したごみは行政が持って行ってくれる」と、ごみに対して何も考えなくなってしまった。「毎日持って行ってくれるのだから感謝しなさい」という「行政サービス」が、議員たちにとっては集票保身になるという錯覚があった。でもその費用を負担するのは私たち。納税者としては本当に必要なところにサービスを選びたい、主権者としても税金の使われ方に目を向け、自分たちのまちづくりに主体的に参

加したいと考えるようになった。

様々なごみの状況を目の当たりにして、「これがどこに捨てられるのだろうか」という切り口から、収集のあり方を根本的に変えなきゃいけないという思いが私や仲間の中で大きくなっていった。それは大量生産・大量消費に続く「大量廃棄」の部分を、自治体も企業も考えてこなかったからだ。

私たちは再び生活協同組合の組織を使って、月1回、ビン、缶、古紙を集めることにした。私の地域にある生活クラブの北多摩支部センターとトラックヤードは市役所の真向かいに位置し、ここで資源分別作業を行った。

いわゆる「有価物」ビンなら「これは生きビン、これは死にビン」と分け、その頃はどこにでも存在したビン業者が有償で受け取りに来てくれた。死にビンとはカレットビンのことで生ビン工場に渡し、ガラス材料になる。その他にアルミ缶、スチール缶を月一回、夏の暑い日でも主婦たちが集まってガチャガチャとやっている姿がちょうど市役所から見えるので、一つのデモンストレーションとしても有効な作業だった。
1、000世帯分の資源回収実績は、市全体で換算すると「これだけ資源化できますよ」と言えるのだ。資源は有価物として全てお金に換わった。私たちの地域でのイベントにも、その収益で金魚すくいや綿あめ、かき氷など、ちょっとした縁日の的屋さんができ、映画上映の際の暗幕まで揃えられたのだ。
しかしそれは長くは続かなかった。過剰に輸入し、過剰に製品化する経済の中で、ビンも缶もあふれてきてしまった。古紙はキロ1円でも売れず、逆有償でやっと持っていってもらう状況となった。循環の糸がぷっつり切れたのだ。「もう回収は続けられない」「じゃあごみに戻していいのか」という声のもと、行政に働きかけてみた。「私たちも協力するから、立ち行かない回収業に少し税金を出してください」と。

しかし、ごみに対する自治体の考えは「衛生管理」であり、病気をばらまく元を「処理する」だけで、資源として集めることは本来の業務とはされていなかった。ごみは可燃、不燃の二つにしかならず、「資源回収をどうするか」と問題提起すると、今度は議会が嫌がった。これが政治に関わる一つのきっかけになった。市民の提案する行政改革だった。

(3)「ごみ」をやり続けた6年間から現在まで

市民が努力して陳情しても、1年も棚上げしたまま放っておいて不採択にしてしまう、これは納得できない。もう議会に入って市民の意見を言うしかないと考えて出馬を決めた。「ごみなんか言って選挙に出たら、落ちるよ」「あんたたちは馬鹿だ」と言われていたものの、最初の選挙では自民党一人、自民系無所属一人、そして私は4位で当選した。やっぱり市民への「サービス」を止めるのはなかなか難しく、反対されて相当に批判されたが、仲間たちも夢を見た2期目のトップ当選を機に批判し続けた。

2期目半ばで市長選挙に挑戦して失敗するまでの6年間、とにかく環境問題として清掃行政のあり方を問い続けた。85年ごろからダイオキシン問題を議会で取り上げ始めたが、他の議員は関心もなく、理解さえできない問題だった。議会で市長が私の質問「ごみ回収システムの改善」に対して「すみません、できませんでした」と再々謝ったものだ。

それでも6年間の努力の結果、かなり清掃行政の改革は進み、可燃物が1日おき週3日、不燃物は週1回となり、その後資源回収も始まった。ビン、缶、古紙、ボロ、段ボールを資源として集めれば、そして生ごみがなければ、可燃物回収は週1回で足りるのだ。

私の議会活動を支えてくれたのは、静岡県沼津市の井手市長だった。最終処分場を新しく確保するのが非常に困難で、「混ぜればごみ、分ければ資源」と、早くからリサイクルを進めている自治体だった。これが飛び火した善通寺市を始め、現在多くの自治体に広まっている分別方式は、沼津方式と言われ、沼津市から発信されたものである。井手さんは公開討論会にも選挙の時も沼津から駆けつけてくださった。

その後「煙が出ない清掃工場」のイベント大集会を開催、それをきっかけに「廃棄物処分場問題全国ネットワーク」を発足、井手さんの依頼で私が代表になった。

日本は本当に「ごみ捨て場」だと思った。どこの田舎へ行っても、きれいな沢が最終処分場になって、首都圏から運び込まれた産業廃棄物や家庭ごみが30メートルくらい積み上がっていた。千葉県下も相当にひどいもので、木曽川の上流、御嵩町でもずいぶんと反対運動があった。そこに町長の傷害事件が発生、反対運動は命がけになった。

世界遺産である奈良・京都ですら、深草の里は産廃トラック街道、不法投棄、産廃の山が出現する始末。不法投棄も深刻で、富士山の麓、湧水が出る明野の山や山椒魚など原種に近い生物が生息していて子どもたちが遊ぶ日の出の水辺がごみに覆われていった。

当時の日本では企業が製品の廃棄後までをチェックできる仕組みになっていなかった。その後「マニフェスト制度」ができてごみを追跡できるようになっていくが、やはり業者が無届けで山林に捨ててしまった方が儲かるため、不法投棄は後を絶たず、公共が関与する処分場建設許可にも現地住民の声は反映されなかった。

(4) 最たる量のごみ、プラスチック

「循環型社会形成推進基本法」が00年に公布されたが、この中の容器包装リサイクル法が曲者である。各自治体がリサイクル協会を通して

資源を再処理業者に渡すのが一番うまくいくはずだった形だが、再生コスト（人件費）の低い外国に流れてしまい、国内再生業者の倉庫は空になっている状況だ。自治体や委託業者によっては法律を無視して、リサイクル協会を通さずに中国のバイヤーに売り渡す、ごみ混入で無責任な売買がトラブルの原因になりかねない状態だと聞いた。

食材やお菓子の袋、コンビニの弁当容器などが家庭ごみに占める割合は80％以上だと思われる。使い捨ての最たるものはスーパーのレジ袋だ。なるべくならもらわない、せめていく回でも使うべきだろう。

プラスチックを不燃物から分別することを陳情、その結果は採択。西東京市では現在、これら容器や包装資材の「その他プラスチック」は、容器包装リサイクル法による資源回収を行っている。一方で、不燃ごみとして集められるプラスチックごみは、破砕した上で、トロンメルという風力選別機によって、分けて、再び可燃ごみに合わせて燃やされている。

トロンメルから落ちた硬質のものは、ＲＰＦ（固形燃料）としてＵ興産に渡している。プラスチック処理の仕方によってはいろいろな危険があるが、きちんとした工場の中で処理するという方法を取るしかないだろう。

同時に5年間での「ごみ減量2分の1宣言」も採択されたが、実際には動いていない。可燃ごみの40～50％は生ごみで、その80％以上は水分だからプラスチックを混焼し、燃やすエネルギーを確保したいのだ。生ごみがなければごみ減量2分の1は、実現は難しくない。一方で生ごみを乾燥させるだけでも半減する。

ちなみに西東京市の可燃ごみは年間約3万トン、生ごみは45％、その水分は80％、計算すると1日1リットルのペットボトルの水を30、000本燃やしていることになる。これは燃やすようなものではないだろう。この矛盾をどう考えたらいいのだろうか。

(5) ごみが蝕む、私たちの健康と環境

やはり処分場は大きな問題で、日の出の住民のことを考えたら本当は「埋める」ことを避けるべきだ。それと同時に、脱焼却、脱埋め立てでいこうという運動をしてきたわけだが、焼却場を止めることも非常に難しい。ましてや23区はもう焼却を前提としている。

私たちが一番危惧しているのは、焼却場から風下にある小学校の子どもたちに喘息の罹患率が高いことだった。また、煙突からの排ガス中のダイオキシンや重金属が焼却場周辺に拡散し、結果、がんや化学物質過敏症になる人が多く、市民団体「ごみ問題5市連絡会」(後にNPO法人として登録)では、ダイオキシンや重金属などの調査を続けてきた。

行政や清掃工場でも調査はしているが、風が吹くと対象の物質が飛んで行ってしまうような運動場などの土壌測定をしている。私たちはあまり踏み固めない遊歩道の脇や林の中などの土壌を採取し、測定したのでそちらの調査結果では高い数値が出るのだ。焼却場の南側林地から620pg(ピコグラム)、南西側で330pgが出たそうだ。

ドイツなどでは100pgでは農作物は作れないし、子どもの遊び場も禁止。また、健康を保つ水準では体重1キロに対して1日1pgだ(その後日本では10pgが4pgになったが、まだ4倍である)。

横浜の栄区では、焼却場がストップしたことで、近くの子どもの喘息の罹患率が大きく減った。今まで喘息は自動車の排ガスのせいだと言われてきたが、そこは幹線道路のない場所だ。30%ゴミを減量するという横浜の方針が実って新設の必要もなくなったため、随分と予算も浮いたようである。議会と行政改革の中ではいろ

んな課題があるが、多くの自治体ではまず「焼却炉を作りたい」という前提があること自体が問題の根源となっている。

自分たちの自治体に建設できなければ、建設された自治体に「迷惑料」を払ってごみを持ち込んでいるわけだ。「俺のところになければいい」という地域エゴで、迷惑なものは端へ持って行こうとする。そうかといって域内処理にして、どこの街にも清掃工場が建ってしまうのも困るわけである。せめて、なるべくごみを持っていかない、なるべく燃やさないという考え方は徹底しなくてはならない。

一方、多摩地域は処分場がひっ迫する中で、灰を使ったエコ・セメントの開発が進んでいる。処分場の敷地内に税金でセメント工場を建設し、セメント企業が委託を受けて製造する。そこでは灰をセメント処理するのだが、税金を使っているだけでなく、ＪＡＳ企画の強度を緩和しているので建物に使えるセメントはできない。そんな使い道のないセメントをたくさん作るべきではないだろう。行政も市民もまず、ごみを減らそうと思いつかなければならない。このままでは灰がセメントになって私たちの町に戻ってきて、町中を覆いかねない。

(6)「人間の知恵」としてごみを考える

焼却炉を減らすために、生ごみをどう堆肥化させていくか、それをどこで利用するかということも課題である。生ごみを畑に埋めたくても都市部には、畑がなくなってきている。少しでも土地を持っていて自分で活用できる人は土に戻し、できない人のために行政あるいは委託の業者が集め、農家と提携して生ごみを生物資源として生かすべきだろう。高根沢町や芳賀町のように、大きな堆肥場を持って成功しているところはあるので、それは可能である。自然の土壌菌を活用するか、ＥＭ菌などの有用菌の力を借りて堆肥化し、高根沢町の人たちは、日常的にその堆肥を使って農業をしている。

できた堆肥は、農家がトラック1台分を3、000円くらいで買いに来る。これだけだと赤字かもしれないが、パイロット事業として建設には農水省から補助が出ていたと思う。農家が採算取れるのかという議論もあるが、化学肥料よりは安いはずだし、堆肥は農家にとってもメリットがあるだろう。行政としても焼却や埋め立て処理よりも、環境などに付随した効果が上がることが期待できる。例えば茂木町は山があり、その落ち葉を町が安く買い取り生ごみや畜糞と堆肥化することは山の荒廃も防ぎ、焼却処理すれば㌧当たり4、5万円かかるわけだから環境まで守れるトータル・コストは一挙両得と考えられるだろう。

(7) ごみの有料化と「ゴミニティ」

その後、指定袋によるごみ袋有料化の動きが各地で起こった。東村山市の場合、袋代4億円ほどの収入が得られるとの試算がある。有料化する意味の一つは、資源化を真面目にすれば袋を使わなくて済む、お金が浮くという市民側のインセンティブだろう。「資源化するから」というだけで動く市民は少なく、ごみの発生自体を減らさなければ意味がないから、その説得材料が必要なのだ。

01年から5年間やっていて成功している日野市のやり方も参考になると思う。東京都はカラスを追い払うのに苦労したが、有料化で戸別収集になると自分のごみに責任をとって出すのでカラスの害もなくなった。

ただ、各戸ごとに収集する「戸別収集」では集積所をなくすことになるが、一つ私が心配なのは、地域のコミュニケーションがますます育たなくなるのではないかということだ。せめて資源回収するポイントだけは残せないかと、もともと回収拠点で、市民が話し合う「ゴミニティ」というようなグループを作ろうとした動きもあった。ところが無責任時代になって、集積所を提供してくれる場所にかまわずごみをボンボン持ち込んで、そこがきれいだろうが汚かろうが何の心配もしない人が増えている。

ワンルームマンションなどでは一層、話し合える場が少なくなる。西東京市では学校を中心に「ふれあいの街」という交流事業を始めているが、参加するのは中高年。働く若手は多忙であり、関心ごととごみ問題は別、そういった側面も持っている。

(8) 公平な負担のバランスと、市民の主体的な参画を

一般的にごみ処理費用は自治体の歳出のうち1割弱だが、捨てるものにこれだけのお金をかけるのか、という思いがあった。西東京市の16年の決算では、赤ちゃんから大人まで大体一人1万5、000円のごみ処理費用がかかっているが、市民にその実感はない。

容器を生産している「特定業者」は幾ばくかのお金をリサイクル協会に払うだけで、容器利用者が90%余を負担すると言う不均衡差がある。また行政は「その他プラスチック」を収集し、1立方メートルの塊に梱包して保管する自治体の負担が非常に重くなっている。

今まで焼却して埋め立て処理をしてきたのだからと考えるが、「拡大生産者責任」を明確にしていく一方で、市民は「排出者責任」を担っていくことが必要だ。最終的にはモラルの問題だろう。働く女性も増えて、ごみの分別なんかやってられない、と言う人も出てくるが、やはり自分の子どもも育てていく環境なのだから男も女も生活者として守るべきルールを街の中で位置付けることが必要だと思う。

容器包装リサイクル法改正のために100万人の署名を目指している運動があるが、そうした動きと並行して、住民自身が自分たちに関わる現実問題と捉えて実際に行動することが必要である。この両輪からのアプローチがきちんと実った時に、法律も改正せざるを得なくなると思う。

西東京市の主婦たちが「ごみゼロを目指す市民の会」で活動している。各市の市民運動が「ごみ問題5市連絡会」を支えている。当会はかなりシビアな会で、行政からは嫌われている。小説になるほどの談合話をチェックしたり、議会傍聴もしっかりする。審議会に対しても発言の場を確保し、行政とは対等にきちんとした話し合いができる状態にしたいと努めてきた。市民サイドの参加のあり方がまちづくりの上で決定的な一つの要になり得るからである。

70歳になって処分場問題の第一線からは退いたが、解決の道には程遠い。6億トンの資源を買い入れて、1億トンの製品ができて、残り5億トンは残滓になっている。たくさん作ってたくさん売れればいいという、経済一辺倒を希求するだけでは豊かな精神は育たない。自分たちはどうせ先に逝くのだからというのではなく、生きやすい世の中を次世代に残す責任が私たちにはあり、言い伝えなければいけないと思う。

一度死語になった「もったいない」が、ケニアのマータイさんのおかげで再び使われ始めているが、人間はやはり自然の中でのタネのひとつでしかない。それを忘れて人だけが一人勝ち、なんでもやって良いわけではないことを、みんなに知ってもらいたい。私の祖母は朝起きて、太陽に向けて「お天道様」と拝んだものだ。太陽の恵みで動植物が育ち、土に生かされていることに手を合わせていた。

人間は「いろいろな命を頂いて、生きている」ことを忘れてしまったのが、大きな間違いであることを問題として、おばあちゃんの懐古話に終わらせず、今にいかに繋げるかというところで苦労していきたいと思う。

2　可燃ごみ週2日収集制への移行秘話（Q&A）

坪井　照子

このことは行政の「サービスが良い」ということにされていて、皆それに乗っかっていた。

(1) 収集日を隔日（週3日）から週2日へ移行

―週2日収集への移行に至る秘話をお聞きしたいと思います。ひと昔前は、各戸もしくはステーションに一つのごみ箱が置かれ、いつでもごみを捨てることができ、しかも毎日収集されるというのが、一般的だったと聞きます。旧保谷市ではどのような状況だったのでしょうか？

坪井　最初の頃は、毎日収集。途中から隔日。つまり週3回収集になりました。各戸もしくはステーションにごみ箱が置かれ、いつでもごみを捨てることができて毎日収集されていました。

―行政サービスという点から大きな論点になったのですね？

坪井　最初は隔日（週3日）収集になり、今は週2日ですが、ごみの収集日が減るということは「サービスの低下」につながるということです。ごみを減らす努力を市民が負う、ということは当時の革新系政党の政策とは真逆の方向性になるので、目の敵にされました。市としては「こんなに良いサービスなのに何が不満なんだ」

という感じだったし、議会政党は「自分たちが行政サービスを向上させてきたのに、市民が余計なことを言っている」という態度でした。

(2) ごみが増え続けることへの危機感がきっかけに

―ごみの収集回数を減らさなければならないとお考えになったのは、何がきっかけだったのですか？

坪井　毎日収集していた時には、分別せずに、いろいろな種類のごみが混じっていました。皆が好き勝手にものを買い、そのまま使い捨てることを見直すことなしに、ごみがどんどん増えていきました。当時は目の前の不用物を片付ければいいと誰もが考えていました。その不用物が資源に換えられるということ、資源になるものを除いたら本当のごみは減るということを誰も考えていなかったのです。「いらないものは捨てればいい」「捨てれば収集車が持っていってくれる」「収集回数が多いのが良いサービス」ということになっていた。便利なことがいいことだと、何も考えずにごみを増やし続けることに疑問があった。そうして収集されたごみは、海や、山間の窪地などの埋め立てに使われていました。ごみが埋められる山などは地主との交渉だけで決められ、その結果、自然環境が汚染されていきました。

(3) サービス低下への抵抗は？

―収集回数を減らすことは、その間家の中にごみを保管することになります。抵抗は、並大抵ではなかったと思いますが？

坪井　市民にも議員にもなかなか受け入れられませんでした。旧保谷市は革新市政が成立した自治体で、住民に耳傾ける議員が多く、収集回数が減ることは、サービス低下と受け取られていたため、なおさらでした。最近になってようやく、退職したかつての自治体職員が連絡をくれて「坪井さんが言っていたことは正しかった」と伝えてくれました。

いくら「サービスが良い」と言っても、「原資は私たちの税金だから、ごみの処理にかかる税負担を減らして、もっと必要なところに使えるでしょう」という主張もしました。

資源ごみは業者に回せば、お金に換えられるということを現実に目の当たりにできたことも大きかったと思います。行政側も「市民が自分で分別してくれたら」古紙やビン、缶などの資源ごみを回収できるということになり、抵抗は減りました。今では、理解の輪は大きく広がっています。

―確かにごみの収集回数を減らせば、無駄なものは買わないという住民の皆さんの意識改革につながり、自治体単位で、ごみが減ることになりますね。

坪井　ごみを減らして、市が、その処理に掛けるお金を減らすという点については、もちろん誰も反対しません。ごみとして捨ててしまうものも、分別すれば、資源回収に回せ、ごみを減らすことができる。報告で行ったようにその点を訴え、私たち自身が資源回収も進めました。

―その行動力がすごいですね。

坪井　週3日捨てられるごみの中から、分別資源回収すれば、回収した市民団体が、自分たちが使えるお金になり、なおかつ市のごみの処理費も減らすことができることを、実践して見せました。分別資源化が週2日制への移行を成功させた背景にありました。

―週2日制度を実現するために、市議会に陳情を出したところ、2年間もたなざらしにされたと伺いました。保谷市は、当時革新市政(都丸市長)でしたが、その提案が通らなかったと。

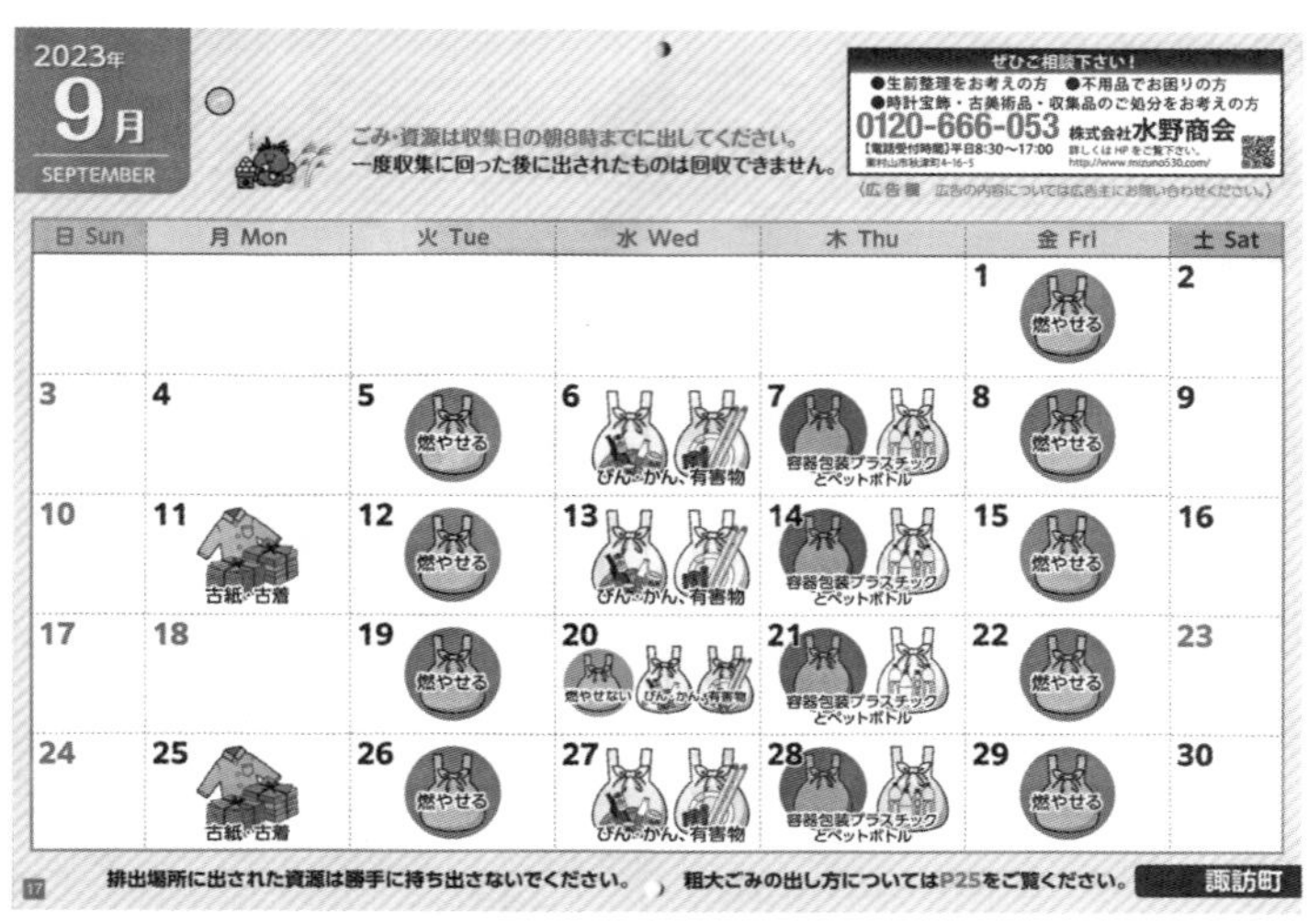

図表２　東村山市のごみカレンダー

可燃ごみの週２日制を採る東村山市のごみカレンダー。可燃ごみは、週２回（火と金）、不燃ごみは、月１回（第３水）であるため、その他の日にちは、資源ごみの収集に当てることができる。古着・古紙は、月。ビン・カンは、水。容器プラは、木。

坪井　現状のままではごみが増え、貴重な市の予算をごみの処理に使わなければいけないことは分かっていても、収集回数を減らすことは、市民から歓迎されないため、陳情に賛同する議員さんはいませんでした。結局声を上げた市民が、自分たちの中から議員を送り出すことになりました。

―坪井さんが市議会議員になられた。二度目はトップ当選し、市議会議員に送り出し、当選させる力を背景に、週2日制が実現したのですね。

(4) 可燃ごみの週2日制は、全国に普及

―今、全国ほとんどの自治体で、可燃ごみの週2日収集制が普及していますね。

坪井　分別すれば、資源にできるというのは、私たちの生活の中に当たり前にあったことです

ね。紙などは皆捨てないで、メモや包み紙などに使っていました。ビンや缶なども酒屋さんが回収するのが当たり前でした。

―廃棄物処理法では、家庭から出るごみの処理は、基礎自治体である市町村が担い、どのように処理するかは、それぞれの自治体が決めることになっています。そのためごみの処理方法や回収方法も市町村によってマチマチで、ごみの収集カレンダーも市町村によって違います。ところが、この可燃ごみの週2日の収集方法は、分別収集を取り入れているほぼすべての市町村に広がっています。

坪井　それだけ理屈にかなっていたのだと思います。

―坪井さんが長く理事長を務められてきたNPO（ごみ問題5市連絡会）に、ごみ問題に関連した標語として、〝ごみは集めにくく、資源は集めやすく〟があります。この週2日制度は、こうした標語を生み出すきっかけにもなっていますね。お役人や、学者が頭の中で考えた政策ではなく、ボトムアップ、現場から生まれた発想が政策として実現した実例と言えますね。

坪井　定年退職して、市民としての生活を体験した当時の市役所の担当者が「坪井さんの言ってたことは本当だ、正しかった」というのは、そういうことだと思います。男性ではできなかったと思います。資源は無尽蔵にあってそれを使えばいい、ということではなく、有限な資源を大事に使うということが広く認識されるようになったことは大きいです。

―生活クラブ生協が結成され、またその中から政治的活動を進める生活者ネットワークが創られました。そのような躍動する動きが背景にあったのでしょうか？

坪井　最初は個人で始めたことで直接関わりは

ありませんでした。でも、ごみ問題に対しての理解度が高い人たちでしたので、こちらの活動を見て納得した人たちが加わり、一緒にやることも増えました。

3　ごみ問題の市民活動を振り返って（Q&A）

―坪井さんは、NPOごみ問題5市連絡会のほか、廃棄物処分場問題全国ネットワークの代表なども務めていらっしゃいましたが、振り返ってどのようなご感想をお持ちですか？

坪井　当時、廃棄物は、田舎の谷や山に捨てるということが当たり前に行われていました。私が住む保谷市でも、焼却した焼却灰などを、西多摩の山林などに捨て、金属類や陶磁器などもそのまま焼却灰に混じって捨てられていました。不法投棄に近い現場を見学する中で、環境を守るために、廃棄物処分場問題全国ネットワークを作りました。

―今、国際的な取組みであるSDGsのおかげで、地球温暖化とごみ問題がもう一度意識されています。SDGsを担う世代に一言お願いします。

坪井　目に見えなければよい。ごみの処理はそういうところがあります。俯瞰から見ていきたいと思います。一方で、製品を生産するところでは、ごみが出ないように、ごみの処理を考えて作る必要があります。

消費者も、サービスの上で、楽をすればよい、ありがたいということではなく、生産者も生きていく上のことを考え、ものづくりやごみの処理を考えていきたいですね。

―ありがとうございました。　　（青木）

注釈

※１：循環研通信〈ＪＵＮＫＡＮ　No.16　２００６．11〉より加筆転載。

講師：坪井照子　ＮＰＯ法人　循環型社会研究会理事

日時：２００６年５月24日

会場：ノルドスペース　セミナールーム

プロフィール

坪井　照子

静岡県掛川市に生まれる。

武蔵野美術大学（油絵科）卒

・生活クラブ生協会員

・沼津方式で有名な井手敏彦沼津市長と交流

・井手氏の薦めもあり、「廃棄物処分場問題全国ネットワーク」の代表になる。

・結婚し保谷市ひばりが丘に住む。

・生活クラブ生協を母体とした「生活者ネットワーク」の結成の呼びかけ人の一人。

・保谷市の市民からなる「ごみゼロを目指す市民の会」を結成し、代表に。

・可燃ごみ収集の週３日制から２日制を提案。

・保谷市議会議員に。

・週２日制実現。

・保谷にリサイクルショップ「リサイクル・スペースゆう・私たちのお店」を開店。

・止めようダイオキシン！脱焼却柳泉園集会　主催　賛同

・「ごみ問題５市連絡会」（市民団体）代表。後にNPO登録

2. ごみ有料化

中村 恵子さん

ごみ排出時有料化（指定袋式従量制有料化＝以後、有料化）については、今でも賛否の多くの議論があります。しかしごみの減量化を図るためには、必要不可欠な仕組みとして多くの自治体で導入が図られつつあります。ごみ問題は、国が法律を決めたからといって、国民の協力がなければ、なかなか進まないのは、どの国でも同じようです。

韓国では、95年に、従量制有料化が制度化されていました。05年には生ごみの埋め立て禁止法が、国の法律となり、それを大きなきっかけとして、生ごみ資源化90％が実現しています。

そして90年、従量制・有料化の意義を日本中に発信したのは、北海道伊達市に住む中村恵子さんです。韓国も従量制の法制度化に当たって、伊達市の有料化について調査にきたといいます。中村さんは当時の通産省外郭団体の発行紙『クリーンジャパン』に《私のごみ減量・資源化大作戦》と題して1年以上連載し、その中では中村さん達が行った有料化後の住民意識調査結果などもつぶさに書かれていました。『クリーンジャパン』は韓国にも配布されていたそうで、この掲載記事を見て伊達市を訪問したのではないかと推測されます。「伊達市を中心とした市民活動や廃棄物学会（現在（一社）廃棄物資源循環学会）などでは良く知られている中村さんですが、なぜ北海道の市民活動の中からごみ問題の今後を左右する重要な提案が行われたのか、お聞きしたいと思います。

1　なぜ有料化が伊達市の取組みとして広がったのか？（Q＆A）

中村　恵子

(1) 読売新聞への掲載がきっかけで広がる

―ごみを出す量によって値段が変わる指定袋式従量制による有料化は、たしか伊達市が日本で初めて導入したのではないのに、伊達市が有名です。どうして有名になったのですか？

中村　1袋当たりの値段を決め、ごみをたくさん出す人は、袋の使用量が多くなり、ごみを出す量によって、有料化の値段が変わってくるのが、従量制です。おっしゃる通り伊達市の前に北部桧山衛生組合センターや倶知安町で導入されていましたが、私が読売（新聞）論点に寄稿したことがきっかけで伊達市の有料化として全国に知られるようになりました。（資料1：読売）

─何が注目を集めることになったのですか？

中村　当時バブル末期で、大量生産、大量消費、大量廃棄の基に吐き出されてくるごみが増大し、ごみがこのまま増え続ければ、その処理が追いつかないという状況でした。国でも頭を抱えていたようです。記事がでた2日後に自民党政務調査会から連絡があり、党の環境部会でごみの減量・資源化方法提案と有料化についての説明をしました。その後環境庁担当者（現在環境省）も伊達市にいらっしゃって有料化の現状について調査し、その際に、伊達市と私へのヒヤリングをされています。

─90年6月、読売新聞論点にどのようなことを書かれたのですか？

中村　伊達市が、有料化実施によってごみを約2割減らしたこと、地球環境に関わるごみ問題で自分たちが出来ることを、まず発生抑制の「ごみ減量の工夫」と再使用・再生利用の「資源ごみの徹底回収」であると述べました。その上で、私個人の活動として居住する自治会に提案実行した〝低コスト資源ごみ回収方法〟（当時の総理府広報映画となる）の説明や、代表を務めていた「伊達市を考える会」（後の市民まちづくり研究会）で行った取組みについて書きました。

─具体的には？

中村　伊達市民の意見聴取と啓発のための〝ごみシンポジウム〟を開催し、シンポジウムでの市民の声をうけて、市内スーパーに要請し実現したトレー回収箱の意義、市民の声を受けてまとめた取り組みやすい〝ごみ減量・資源化策〟

読者のページ

論点

住民がアイデア ゴミ減量に成功

――中村（なかむら）恵子（けいこ）（北海道・伊達市を考える会会長）

噴火湾に臨み、有珠山、昭和新山、羊蹄山を一望する伊達市は、札幌市の南西にあり、北海道の湘南と呼ばれ、亘理藩伊達邦成主従が開拓した町。人口約三万五千のこの町で、昨年七月、ゴミの収集が有料化された。新規焼却破砕施設の維持管理費の一部をゴミ袋を有料にする形で市民に負担してもらい、ゴミの減量も図る狙いであった。

突然、議会に提案され、事前に有料化の理由や総合的なビジョンが市民に説明されていなかったため、反対運動が起きたが、有料化後は市民がゴミに高い関心を持って減量に努め、ゴミの量は二割も減った。市民に負担を課す提案をする時は、行政が愛情ある説明をすべきであるという教訓だろう。

ゴミ問題は、地球環境にかかわる問題である。ゴミ問題の解決とは、地球環境に影響を与えずにゴミを減らすということで、まずできることは「ゴミ減量のための工夫」と「資源ゴミの徹底回収」である。また、製造段階からゴミ処理を考えた商品を作り、市民、行政、企業が知恵を結集して解決に当たらなければならない。伊達市を考える会は、こんな考えで活動を始めた。

有料化に先がけて、まず私の属する自治会（三十五世帯）に月一回の資源ゴミ回収を提案し、実行した。一方で、市にゴミ減量方法のPR、資源ゴミ回収システムの確立、生ゴミを埋めて処理するためのコンポストの最低価格あっせん、さらに商店への過剰包装を戒める指導などを要請した。

昨年八月には市内でゴミシンポジウムを主催し、ゴミ減量、資源ゴミの回収方法を話し合った。その結果から、「ゴミを出さない、ゴミのもとになるものを持ち込まない」という方針で、紙パック、回収可能なビンなど、再生に回せる容器の商品を買う。買い物袋を持参する。生ゴミはコンポストに入れ、資源ゴミは回収する――という行動を展開した。

きちんとやっていくと、ゴミ袋に残るのは、食品を乗せるプラスチックトレーばかり。そこで、今年二月には市内の大型店に次の五点を要請した。

①トレーの必要性を検討する②トレーを使うならばリサイクルできる素材にする③トレーの回収箱を設置する④見栄えのいい品を望む消費者には、チラシなどで消費者教育を⑤業界全体でトレー問題を考えるために、各店から全国発信を。

その結果、さまざまな良い状況が出てきている。特に私の自治会では、ゴミが回収以前の五分の一になった。収益で各戸に配る有料ゴミ袋もまかなえ、非常に効果が上がっている。

秘けつは、資源ゴミの種類、回収の意義、方法を分かりやすい一覧表にして把握してもらったこと。回収に時間と手間をかけず、順に当番をするなど公平な負担であること。回収に出せば出すほど有料ゴミ袋がもらえ、回収後の結果報告で注意や連絡事項を伝えるなど、やる気を起こす案であること、などだろう。

トレー問題でも、市内の大型店全部にトレー回収箱が設置された。

積極的な店は「ゴミを無くす推進の店」としてチラシでバラ売りを宣伝し、さらに全品目にバラ売りを検討中である。

今後は、「空き缶はくずかごへ」でなく、「空き缶は資源です」のように、リサイクルが可能かどうかという点に加え、再生品を愛用するための分かりやすい表示やPRを全商品にしてほしい。

今こそ、市民、行政、企業が知恵を結集し、ゴミ問題を総合的に考える時であろう。私たちの小さな試みが、その手掛かりになればと期待している。

資料１　〈読売新聞〉（1990年６月10日）

の伊達市への要請などについて書き、今後、国として企業にリサイクル可能かどうかの表示、再生品を愛用するための表示、啓発など、国民、企業、行政が総合的にごみ減量・資源に取り組むべき方策について書きました。

―ごみを減らすためには、有料化だけでなく、減量化に向けて様々な取り組みが必要だということですね。

(2) 当初ごみの有料化に疑問を持っていた！

―伊達市では有料化提案に当時35、000人の人口の内、13、000人もが無料化を求める署名を行っていたそうですね？

中村　私も署名しました。当時ごみは埋め立てが中心だったのですが、伊達市は焼却施設を作ってごみを燃やすことになり、そのためにお金が必要と有料化提案がありました。

―当初反対していたのになぜ賛成に？

中村　焼却施設を作るためにごみ排出時指定袋式有料化するという突然の提案の仕方には、今でも反対です。あらかじめ「焼却施設の必要性、ごみ減量・資源化方法の仕組みづくり、そのための費用についての丁寧な説明」というあるべき手順を担当者にお伝えしていましたが、議会で有料化が議決されてしまったのです。その議決を「あるべき手順はこうですよ」と言って、私達の手で覆すのは並大抵ではありません。

そこで、賛成というよりは、有料化について、別の意義を見つけたということです。当時はどの自治体でも住民はほとんどごみ問題に関心を持たず、ごみはただで処理されるといった認識だったのではないでしょうか。ところが、市が有料化提案後は、人が集まれば「これから、ごみ代はいくらかかるのだろう」、「どうしたらごみを減らせるだろう」という会話でもちきりでした。ごみ排出に費用がかかるということで、伊達市民の〝ごみへの関心〟の高まりを肌で感じました。

―そうでしょうね。中村さんは、有料化議決前の伊達市に提案をしましたね。

中村　前年に伊達市に引っ越し、まだ1年しか経っていませんでした。ごみ問題は何もわかっていませんでした。そうした中で自分が出来ることとして、当時先進的な取組みをしていた川口市や我孫子市、柏市などの資料を各市役所から取り寄せ、検討をして提案していました。

―ごみの先進地、川口市などのことを知っていても、ご自分が出来る役割を考え、資料請求を行うというのは、なかなか出来ないことです。伊達市に提案した内容を教えてください。

中村　その時に提案したのは、

①住民合意形成のための手続き

②ごみ減量方法

③リサイクルシステムの確立

④ごみについてのビジョン

これら①～④を有料化の前に示すべきだというものでした。

―今でも有料化を考えた時、その前にやらなければならない大原則ですね。これは、仕組みとして定着させたいですね。

中村　そうですね。ごみの有料化だけでなく、新たな住民の出費を伴う政策導入前には、合意のための手続きを示すと共に、行政費用のむだを抑え、その政策の導入による費用負担を住民がすることで、住民の生活がより良いものになることを示すことが、住民への配慮、血の通った行政、政治のあり方ですね。

(3) 市民活動の中から有料化の意義を見出す

―伊達市の市民部にとっては、耳の痛い大変

厳しい提案を行いながら、89年当時市民団体で開催した〝ごみシンポジウム〟の後援をお願いしていますね。

中村 私にとっては、シンポジウムを開催して市民の声をお聴きし、それを行政にお届けし、役立てていただきたいという思いだけで、後援をお願いしたのですが、同様の研修会をすでにやっているから後援出来ないと断られました。

―なぜやりたくなかったのでしょうね。

中村 まだまだ、そのころの地方の行政機関には、市民と行政の協働という発想はなかったようです。が、その後、行政の姿勢は徐々に変わっていきまして、後には市民と行政の協働で環境基本条例、環境基本計画も策定するようになったのです。私も市民側の座長補佐として参画致しました。行政の皆様とは、今では、良い街づくりのためにお話しをするのですよ。

話を89年の〝ごみシンポジウム〟開催に戻しますと、市民が主催したシンポジウムになんと200名の方の参加があって、多くの市民の皆様がごみ減量・資源化に対する前向きな発言をしてくださり、会のメンバーはその発言をまとめ、整理し市民の声として報告書を市長に手渡しました。市民が考えている問題点把握とそれを行政に伝えることができたという意味で、シンポジウム開催は成功でした。

―大学で環場問題を勉強する人が多くいても、それを本当に自分のライフワークに出来る人はなかなかいません。

中村 実は、88年に夫の転勤で伊達市に赴任し引っ越しの荷物をといている時に、伊達市が総合計画の企画委員を募集しているのを知って、応募しました。応募したのは、21人だったので、「21企画会議」と名前がつけられました。ところが、総合計画の素案を話し合っていた「21企画会議」には、翌年のごみの有料化について知らされてはいなかったのです。
ごみの排出に関する政策は、住民の理解と協力の上に成り立つ街の環境行政で扱う重要な政策でありながら、総合計画の素案策定時に話されなかったことを問題視した企画委員メンバー5人で作ったのが、「伊達市を考える会」(後の市民まちづくり研究会)でした。有料化案が提起されて以後、高まった住民の〝ごみへの関心〟を逆手にとって、「ごみ減量・資源化でまちづくり」を企画したのが、〝ごみシンポジウム〟でした。

―行政の対応について、批判だけではなく、自分たちが必要と考えたことを、実践に移し、有料化という日本でもさきがけの取組みについて、市民の皆さんの考えや反応を調べ始めていた。取組みへのスピード感がありますね。

中村　まず第一に「有料化後のごみに関する市民意識調査」を行いました。有料化に対してのの減量方法を聞いたところ、「資源ごみを回収(集団回収や回収業者)に出す」と回答した人が半数以上で、自家焼却(当時は容認、以後禁止)、生ごみの堆肥化などに取り組んでいることがわかりました。

―有料化によって、ごみをできるだけ、出さないようにする自己防衛策として、北海道という土地に合わせ、さまざまな取組みが考えられていたのですね。

中村　その結果、市全体で見れば、有料化前(87年)に比べ、89(平成元)年は24%、2年目は37%ごみ量が減っていました。

―読売新聞の論点でも書かれていますが、有料化実施後に、シンポジウムを開催し、その報告書を市に手渡し、意識調査をするなどの取組みが、ごみの減量に寄与したと言う面もありますね。

中村　市民の皆様が〝ごみを出せば袋代がかかる＝汚染者負担原則〟ということで、まずは排出抑制のために、考えを巡らせ、生活の中で「ごみの基になるものを買わない、入れない、出さない」と工夫をし、資源を集団回収や私たちが設置要請したトレー回収箱を利用するなど資源化ルートを活用したことが一番でしょう。そして、私達の89年〝ごみシンポジウム〟開催、90年スーパーへの買い物袋持参奨励要請、トレー回収箱設置要請などが新聞で取り上げられ記事が出ることにより、市民意識を喚起した面もあるかもしれません。

(4) 有料化は、ごみ増大を抑える処方箋？

―中村さんは、ごみ問題の基本は、ごみの減量化・資源化であるといろいろなところで書かれています。有料化が、その大きな鍵になると考えられたのですね。廃棄物資源循環学会でも取り上げられたことは、東京新聞にも掲載されましたね。

中村　ごみを減らすには、社会の中でごみの排出に関わるすべての人が、ごみを減らすことが必要という意識に立つ必要があります。市町村が取り扱う家庭から出るごみや街のお店やバーから出るごみは、住民が協力してごみになるものは買わないようにしたり、資源分別したり、またお店でトレーの回収ボックスを設けるような、企業による汚染者負担原則をベースにした拡大生産者責任を広めることが大切です。

―今までごみ問題が焦点化するのは、ごみの焼却施設や埋め立て処分場が、自分の住む近隣に建設される住民が、反対活動を行い、そのことを通してごみを出す側の市民もごみの処分による環境や生命・健康への影響を考え、ごみはできるだけ減らさなければならないと考えるというパターンだったように思います。中村さん

首都圏TODAY

減量・資源化の先行・伊達市で効果大

ウルトラC!?

有料化 → 関心高まる → 減量

不法投棄をどうするか

『常識』にサオ差して

市民団体後押し

伊達市の有料化による波及効果を発表する中村恵子さん＝10月28日、東京・北区滝野川会館

キーワード

ごみ袋の記名

取材メモ

「首都圏TODAY」は、毎週月曜日、増え続けるごみの問題を中心に幅広く環境問題を特集していきます。

資料２　〈東京新聞〉（1991（平成３）年11月４日）報道
（1991（平成３）年10月28日　第２回廃棄物（現、廃棄物資源循環）学会で『ごみ処理有料化の波及効果』の研究発表をする中村恵子氏）

の取り組んだ有料化問題は、新たにごみ問題を考える切り口、窓口となったと思います。

中村　北海道は広大な土地があるため、当時は埋め立てが主流で、ごみの処理に注意を払ったり、ごみの処理にお金がかかるという認識は、他の都府県に比べて低かったと思います。そうした中で有料化は、ごみのことを考え、ごみを減らすことに取り組む大きなきっかけとなりました。これを上手に使えば、ごみを減らすことができ、当時増大するごみを抑制することも可能だと思いました。

―そこで読売新聞に投稿された。

中村　はい。そのころ、読売新聞で環境問題に関するとても良い署名入り記事を書かれていた記者さんがいらっしゃいました。このような記事を書かれている方なら理解していただけるのではと思い、連絡をとったところ、とても理解を示してくださり、私の意見を読売新聞〝論点〟に掲載することに尽力してくださいました。

その後、考えていた以上に反響があって、伊達市の有料化として有名になりました。先に述べたように、当時の北部桧山衛生組合センターや倶知安町がこの方式の先行自治体なのですが、発信者のところに取材が殺到し、自民党政務調査会や、当時の環境庁のヒヤリングを受け、更に当時の通産省、環境庁の「環境問題における経済的手法検討会」の中で、ごみの有料化は「伊達方式」というネーミングが付けられるようになります。

2　有料化論への緒論（Q&A）

(1) 有料化＝伊達方式

―有料化論には、税制論からの批判や箱物を作るための新たな財源を作るものだという批判があります。

中村　繰り返しますが、有料化は、ごみの減量化のために行います。環境を守るためにごみを減らし、ごみの処理にお金をかけるのを減らすというのが、大きな目的です。従量制は、ごみを出す人にはお金がかかるが、出さない人にはお金がかからないと、まさに真に公平な汚染者負担原則＝勧善懲悪、因果応報の仕組みです。その点をはっきりさせるために、有料化によって徴収したお金の分は、その分減税するのが本来の筋であるというのが、私の意見です。

―有料化への対応と地域での資源化を並行して取り組まれたのでしたね。

中村　居住する自治会に呼びかけて、月に1度資源回収の日を決め、家の並び順に決めた当番の人が、順番に資源回収業者の車に乗って、ビンや缶、古紙（新聞紙・ダンボール・雑誌など）、今でいう〝その他紙容器包装〟などの資源を集め、その収益で有料ごみ袋を購入し自治会員に均等に配布しました。

―たしかに資源を出し、ごみの減量化に努力してくれた人に、資源回収の収益を還元するような仕組みをつくれば、有料化によるごみの減量化は、生きてきますね。

中村　ごみ＝汚染物＝環境に悪影響を与える物を出す量によって、お金のかかり方が比例する。

秩序だった不公平のない社会にするコツは、やはり努力に対する報酬という考えを入れた仕組み、政策を、導入することなのではないでしょうか。

(2) リバウンド論について

—有料化についての反対論や牽制論の中でもう一つ大きいのは、リバウンド論ですね。有料化すれば一時的に抑制効果が働いて、ごみは減るが、値段に慣れてしまえば、再びごみが増えてしまうと。伊達市ではどうでしたか。

中村　しばらく、有料化導入前よりごみ量は抑えられていましたが、有珠山噴火で近隣住民が避難のため、市内に設けられた仮設住宅に移られたときや、災害ごみが発生した時など、一時的にごみ量が増大しましたね。

—中村さんが調査された倶知安町や他の事例では、この点はどうでしたか。

中村　倶知安町も同様であると伺っています。他の事例ではリバウンドした町もあると伺っています。

—有料化を導入した自治体では、リバウンドの問題や有料化がごみの減量にどのように結びついてきているかの追加的な研究は、行われているのでしょうか。

中村　京都府立大学の山川先生や東洋大学の山谷先生、その他にも多くの先生が有料化を研究対象にされています。それらの研究は環境省の政策に活かされ、その上で環境省による一般ごみの減量策として「有料化の推奨」となっていると思います。

—ごみ問題は、継続性も大事な点だと思います。現状の自治体は、次から次に担当者が変わってしまいます。自治体行政と関わっていて、そ

の点をどのように考えていましたか？

中村　廃棄物処理は社会の最重要インフラです。災害時など廃棄物が大量に出現した時や今回のコロナウイルスのような感染症の蔓延で収集人が確保できなくなり、廃棄物収集が滞ったとき、人々は廃棄物処理の重要性を痛切に感じるのですが、まだまだ水道、電気などと同じ最重要インフラであるという認識が広まっていないのではないかと思います。

街の機能を失わないために自治体管理を外すことはできませんし、国内技術で賄わなければ、いざというときに迅速に対応できません。そのような意味で自治体では最重要インフラ、廃棄物管理技術の伝承、人材育成の観点から人事制度を考慮すべきだと思います。また、最近は、ＡＩを導入し熟練技術を継承する方法も進められてきていますので、デジタル時代の廃棄物管理ということも合わせて最重要インフラ施設として、体制を構築する時だと思います。

3　有料化問題の今後の課題は（Q＆A）

(1) SDGsでごみ問題が再注目される

―中村さんが読売新聞に寄稿され、すでに30年近く経ちます。環境省が、05（平成17）年に、循環型社会づくりに向けた一般廃棄物処理の有力政策として「有料化」を推奨しています。その後、最近では、SDGsで、マイクロプラスチックごみなど地球環境問題が話題になったこともあって、再び、ごみ問題への関心が強まっています。有料化への国民の意識の変化が感じられます。

中村　レジ袋の有料化が法制度化し、環境問題で何に取り組んでいますかと聞かれた市民は、レジ袋を使わず、マイバッグを使っていると答える人も、多くなっています。従来の知見から約８割の人がマイバッグを持参することが推測されます。レジ袋有料化を否定する方も見受けられますが、私は、このようなささやかな取組みからごみ減量・資源の節約に役立っているという人々の前向きな姿勢が、環境に良い健康な社会を創っていくと思います。

―京都市や私の住む東村山市では、有料化を実施するに当たって、有料ごみ袋代金から徴収する収益を、一般財源の中に入れず、環境目的や市の快適環境を作るために使う基金として蓄えるとしています。この点はどのようにお考えになりますか？

中村　それぞれの自治体の財政状況に応じて、徴収した有料ごみ袋代をどのように使用するかは、自治体に住む住民の皆様とともに決定することですので、そのような使用方法をとる自治体があってもよいと思いますが、推測するに、財政的に余裕がある自治体なのではないかと思います。

(2) 伊達市を取材した韓国が一足先に全国一斉に有料化実施

―また有料化は、韓国が、伊達市やその他の外国での実施例なども参考にしながら、伊達市での有料化から数年後の95年に国家規模で実施し、05年の生ごみ埋め立て禁止法を経て、生ごみの90％資源化につなげています。国のレベルでの資源化の取組みに関して、中村さんのご意見を伺います。

中村　韓国の方が伊達市にいらっしゃってから数年後全国一斉に有料化を導入したと聞き、私も大変驚きましたが、大統領制という政治形態、合意形成の手続きなどの違いから実現したとみています。一方、日本の江戸時代は、完全な循環型社会でしたので、資源を大切にする〝もったいない精神〟が現在の日本でも社会の隅々まで行きわたっています。自治体、国の方針で進めるごみ減量・資源化に対し、日本では、国民の適応力が高く、スムーズに進めることができると思います。

―国家レベルの取組みについては、容器包装リサイクル法(容リ法)について一言あると伺っていますが。

中村　容器包装リサイクル法については、ドイツ、フランスの法制度を見習い〝容器〟という機能に着目して資源化推進を図る制度ですが、特に〝その他プラ〟については問題山積です。自治体が集め再商品化に回された〝その他プラ〟の半数以上が焼却になっています。自治体が費用をかけ収集・保管し遠方の再商品化施設に送付した結果がこれなのです。

(3) 環境諸法とのマッチング

―ところで、一点だけ、新しくプラスチック新法、プラスチック資源循環法もできましたが、どのように考えていますか?

中村　容リ法適用後の全国の「その他プラ容器包装」約半数が熱回収になっていることは、回収しても一定品質を得られず、ごみになっていることを意味しています。「その他プラ容器包装」の容リ法適用について再検討すると共に、プラスチック新法との整合性を図ることが必要です。

高齢化が進み、複雑な分別に対応できない方も増えていると聞きますし、これまで真面目に国の政策に対応してきた自治体からも、これ以上の費用や手続きの負担はつらいという声も聞こえますので、これからは、ごみ減量・資源化を進める上で、住民にも自治体にも、シンプルで解りやすくコストがかからない、納得感のある政策でなければ受け入られないのではないでしょうか。

―わかりやすいといえば、04年にはコミュニケーションツール「ごみ袋減量カレンダー」を考案し実施されたのですよね。

中村　「インセンティブ効果」を取り入れた「コミュニケーションツール」として、考案開発した「ごみ袋減量カレンダー」を05年から毎年順次、伊達市役所職員、自治会役員、幼稚園園児及び保護者に取組みをお願いし、それぞれ学会発表しています。基準月より1袋でも減らすインセンティブをつけ、毎月ごみ袋数を計測する方法は明らかな減量効果が出ました。07年の学会発表後、(社)日本広報協会『広報』の表紙となっています。有料指定袋は、このようなごみ減量のための指標としても活用できるのです。

―中村さんは、ごみの有料化という一見市民から見ると歓迎できない政策について、切り口を変えて、提案されました。大量生産―大量消費の流れを遮る試みが有料化であったと思いました。これからのごみ政策にとって大事な視点はどのようなことでしょうか。

中村　国際的に対応が必要なプラごみの減量、感染症対応など新ライフスタイルへの対応、海洋ごみ、宇宙ごみなど変化する社会の廃棄物資源循環の未来は、たとえば一部にある「焼却悪・リサイクル善」のような固定観念での制度決定ではなく、新たな適正処理技術、ＡＩやＩＣＴ、ロボットなど先端技術を活用しつつ、私が探求した「環境負荷（CO_2含む）最小化」、「資源化（熱・エネルギー含む）最大化」、「社会コスト最小化」、インセンティブ付与し「住民取組可能性の最大化」を科学的な証拠に基づき、最適化を検討し、合理的制度での推進に鍵があると考えています。

4　次世代に伝えたいこと（Q&A）

—SDGsによって、若い人たちによる環境問題への関心が高まりつつあります。若い人たちに一言お願いします。

中村　自分たちの生活環境、地球環境を守ることとは、購入、消費、廃棄、排出するときに、大気、水、土壌を汚染していないかを意識して行動することから始まります。

—環境問題に取り組まれてきたこれまでを振り返ってどんなことを感じていますか。

中村　研究を進めるにあたり、先ほどの「環境負荷最小化」などを基本に考えてきましたが、これまでの枠組みから外れる提案、主張となることもあり、その時には、必ず抵抗を受けましたが、やがて、様々な研究知見を経て、理解・納得されました。社会に発信することで、共感者を得て、社会を変えることができると実感しています。

—生まれ変わってきたら、環境問題は、どのような取組みをしたいですか？

中村　環境問題は、全て後始末問題に通じるので、生まれ変わっても廃棄物資源循環を切り口に取り組むと思います。あるいは、全く別の環境問題として、日本の都市景観の美について気になっているので、日本の美しい自然環境と融合する都市景観デザインに取り組むことも考えられます。

—最後の最後に、一言。

中村　祖先から受け継いできた日本の地理的条件、文化にあったエネルギー・食料・環境政策を打ち立てることが日本人の暮らしを守ることになると考えてきました。

残された人生の時間が少なくなってきた立場から、あとに続く人たちへ、人生は短い！　やりたいことに集中して自分と社会の最大幸福を目指してください！

（青木）

――ありがとうございました。

プロフィール

中村　恵子

札幌市出身　北海道大大学院法学研究科修了
「健康・環境デザイン研究所」所長。廃棄物資源循環学会に所属。同学会の理事や廃棄物計画研究部会長を務める。現在フェロー。

・環境省環境カウンセラー、北海道環境トレーナー、元酪農学園大学非常勤講師

1990年読売新聞論点で、有料化（＝「ごみ排出時指定袋式従量制有料化」）を紹介

著書：『これでいいのか、ごみ行政』（横山出版）編著
『災害廃棄物処理・分別実務マニュアル』（ぎょうせい）分担執筆

論文：「ごみ処理有料後の実態と住民意識」、「容器包装リサイクル法の理念と直面する課題」など多数

・1990年にはトレー回収箱を伊達市内スーパー全店に設置要請し実現。全国のスーパーでのトレー回収箱設置のさきがけとなった。
・1995年、リサイクル推進功労者等表彰で「通産大臣賞」
・2004年には「指定袋式有料ごみ袋」をコミュニケーションツールとして『ごみ袋減量カレンダー』を考案、市役所職員、自治会役員、幼稚園親子に取り組んでもらい効果を実証。（社）日本広報協会『広報』の表紙にもなった。
・前記学会理事として2017年《情報技術による資源循環・廃棄物処理事業の新展開》
・2018年《SDGs時代の改正環境基本計画》などのセミナーを企画。
・本業として、平成５（1993）年から、地域の人々の健康を守り、それを担う職員の健康・幸福につながる環境配慮事業所として、クリニック経営をデザインしてきた。
・2022年『江戸幕府の北方防衛』（ハート出版）出版
・同年「アパ日本再興大賞優秀賞」を受賞

3. 紙ごみの分別・資源化

園田真見子さん

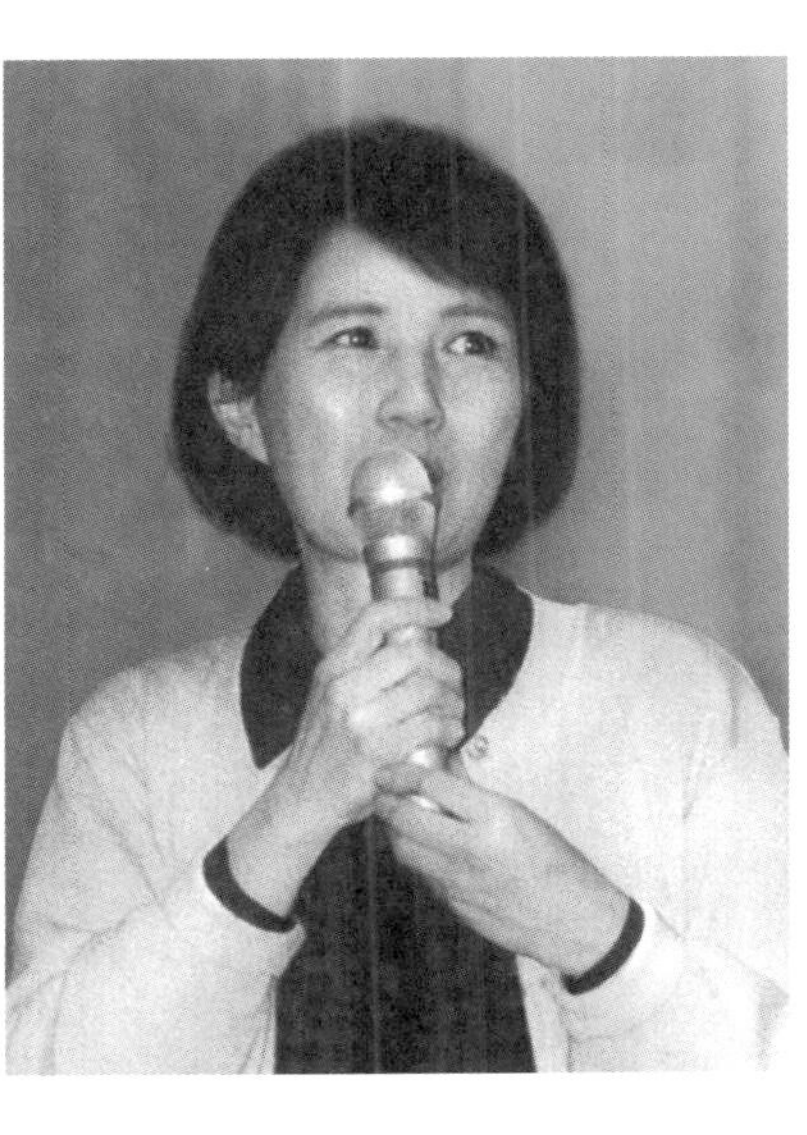

92年に古紙の暴落が起こり、回収業者が事業撤退をしたり、倒産して、長く行われてきた古紙などの資源回収が、危機に瀕しました。日紙連（日本再生資源回収事業協同組合連合）主催の「古紙暴落、回収機構阻止全国総決起集会」に一般市民も参加し、翌年4月「どうする古紙暴落緊急市民集会」が開催され、そして「古紙問題市民行動ネットワーク」が結成されました。園田真見子さんは、呼びかけ人の一人として活動し、結成集会では結成の経緯を報告されています。

それによると、江戸時代から続く民間のリサイクルシステムが、高度成長期の中で、輸入する格安パルプが増大、回収業者が集めた古紙がだぶつき、古紙の市場が成り立たなくなるという危機を迎えていました。古紙回収に協力していた市民にとっても、追い詰められた状況にありました。

古紙が回収されず、再生紙の市場がなくなり、静脈産業の動きが止まれば、古紙は、ごみとして処理されるしかなくなります。国も対策が進まず、個々の自治体の力では、解決策すら見通せない中で、「古紙問題市民行動ネットワーク」は活動し、見事に古紙の資源リサイクルの仕組みを今に残しました。危機に陥っていた古紙回収、そして再生紙業界。市民の活動が、危機を救い、古紙回収事業は、自治体も担うことになったのです。新たな静脈産業作りともいう活動を園田さんにお伺いしました。

1 古紙回収の仕組みと危機（Q＆A）

園田真見子

—当時の古紙の回収はどのように行われていましたか。

園田　古紙の回収は、町内会、ＰＴＡなどの集団回収があり、回収業者が、チリ紙交換を呼びかける小型トラックなどで街を回り、回収していました。

—集められた古紙は、どのように再生利用されていたのですか？

園田　新聞紙は、新聞紙や印刷・コピー用紙に。

雑誌や雑紙(ざつがみ)は、主に板紙(お菓子箱)、や段ボールの中紙に。紙パックは、トイレットペーパーに。コピー用紙は、コピー用紙などにです。

―紙は、今ではほとんどの自治体で、分別資源回収されていますが、そのような歴史は、比較的新しいようですね。

園田　もともと、日本では、モノを大切に繰り返し使うという文化があり、江戸時代の安定期に使用済みのあらゆるモノを回収して、再使用・再生資源化するシステムが定着していました。

明治になって、新しいモノが普及するようになってからも、例えば帽子や洋服なども、回収・再使用・再資源化されていました。役割分担システムの中で、街中の「建場(たてば)」という場所で、古紙・古繊維・鉄などの金属クズを、回収業者から買い取り、それぞれの専門ルートにのせていたのです。古着や古道具、残飯類は別にルートが確立していました。リヤカーで各戸の回収に回っていた様子も思い出します。

―つまり、古紙などは、市町村が行政として資源回収するのではなく、民間の回収業者が資源回収を行っていたのですね。

園田　ところが、戦後モノが安く豊富に出回るようになると、古紙などの再資源物類の経済的な価値がどんどん下がっていきました。回収業者が個別に古紙やビン、缶など多種類の再生資源物を回収することは、コスト的に合わなくなりました。

そこで、町内会や学校での古紙やスチール缶、アルミ缶の集団回収が普及しました。それで集めきれない部分は「チリ紙交換」も行われていました。そうした中で、「集団回収によって、大量に集めても、古紙が集まり過ぎてだぶつき、買い取ってもらえない」という事態を迎え、古紙の値段が暴落し、回収システムが崩壊する事態となったのです。

—当時、私の友人でチリ紙交換の値段が良いからと軽トラを買って、商売を始めていた人がいました。しかし、しばらくすると値段が下がって、採算が合わなくなったと言って、結局辞めてしまいました。その時の危機ですね。

園田　世田谷の福渡さんも、当時回収する事業者が来なくなったと言っていましたが、そうしたことが、全国で起きていました。事業者の人は、キログラム当たり数十円していた古紙が、10円にも満たない価格でしか売れなくなり、古紙の値段が回収に要する人件費やガソリン代などのコストに見合わなくなったのです。

—単に、集める古紙の量が増えただけだと、撤退する事業者が出て、だぶつきがなくなると古紙の値段が上がり、危機が回避されるのですが、その時の危機はもっと深刻だったのですね。

園田　回収される古紙量が増えたことのほかに、紙の原材料となる木材の輸入先が拡大し、バージンパルプ自体の値段が下がったため、古紙の需要そのものがなくなるというのが、その時の危機が深刻な要因になっていました。

—次に紹介するのは、古紙問題市民行動ネットワーク結成の様子を伝える依田郁夫さんの報告です。

古紙問題市民行動ネットワーク結成

—4・25「どうする古紙暴落」緊急市民集会の報告にかえて—

ジャーナリスト　依田　郁夫

「リサイクル」をめぐる議論が加熱気味に続いている。その背景には「リサイクル」に関わる具体的な現場がさまざまな問題に直面しているという事実がある。たとえば、ぼくの住む団地でも先月を限りに古紙の回収業者さんが廃業し、回収に来てくれなくなってしまった。回収業者さんはどんどんやめてゆく、集めても売り先がないのでごみになることもある、とも言われる。

製紙メーカーがたくさん古紙を使ってくれればいいのだろうが、こちらは不況で11年ぶりに減産（92年対前年比▲2・5％）、しかも大手ユーザー（新聞社や出版社、ＯＡ用紙メーカーやパッケージング産業など）の意向に左右されるので、思うように古紙のニーズは上がらない。自治体にとっては、ごみを増やすよりはお金を払ってでも回収してもらったほうがいいので、一部では逆有償という事態も発生している。

資源として有用なものがごみとなってしまうのは、誰にとっても不利益なことで困ったこと（地球規模での資源問題にも行き着く）にもかかわらず、解決のための決定打がない（再生資源利用促進法はどうした！）。危機に瀕した資源回収業界は昨年末、「古紙大暴落・回収機構崩壊阻止総決起大会」を開催、集団回収を実践する市民グループやごみ問題に取り組む市民団体と連係して、関係省庁や関連大手企業に緊急要請行動を行った。

こうした事態を受けて、さらに緊迫化する古紙問題を解決するために、ごみ・リサイクルに取り組む市民団体や古紙回収・再生資源業者らが集い、「古紙問題市民行動ネットワーク」を結成しようというのが、先の集会の第１目標だった。結成の趣旨は、

「江戸時代以来、民間リサイクルシステムは環境保全のために大きな役割を果たしてきました。ところが、再生資源価格が低迷、ガラスビン、カレット、鉄くずに続いて古紙価格が暴落し、静脈産業は存亡の危機を迎えています。

そこで草の根の活動を大切にしながら横のつながりを広げ、国レベルでの解決を念頭において、調査・研究・立案できる市民プロジェクトをめざしながら、企業・業者・自治体・市民が

それぞれの事情や考えをつき合せて話し合い、国や世論に働きかけ、アピールしてゆく〝場〟として市民ネットワークを呼びかける」(ネットワーク呼びかけ趣旨文より）というもの。

呼びかけ人には20団体、25人が名を連ねた。

集会では、リサイクルに取り組む多くの市民、再生資源業界、製紙メーカー、行政関係など約150人が参加する中、まず主催者団体（古紙行動ネット準備会）を代表して園田真見子さんが「できるだけ現状を正確にとらえ、適正な情報交換のもとで、できるところから行動を。そして自然生態系の循環にそったリサイクル社会をつくるための第一歩として古紙行動ネットにご参加ください」と呼びかけた。その後、古紙リサイクルの現状と問題点、再生紙の技術や課題について具体的な解説が行われ、続いて回収業界、自治体、市民団体からの現状報告などなど、熱気にあふれたまた切実な問題提起がなされた。（以下にポイントを紹介）

東京都資源回収事業協同組合の紺野武郎さんは、古紙暴落のからくりを解説、「今、壊れかかっている民間の回収機構が壊滅してしまったら、行政が肩代わりするのはムリ。失われたリサイクルシステムは2度と再び作り上げることはできないだろう」と問題の緊急性をアピール。

古紙再生紙専門メーカーとして静岡から駆けつけてくれた信栄製紙の川原勝弘さんは、古紙処理技術の紹介と古紙問題の実際についての丁寧な説明のあと、

「古紙のトイレットペーパーは、大手のバージンパルプ製のものにシェアを奪われている状況。2度と再生できないトイレットペーパーこそ古紙のものを再確認してご利用ください」と結んだ。

回収業者の苦況を訴えた埼玉県再生資源事業協同組合の太田増重さんは、

「現在、末端の回収業者はメーカーからも行政からも完全に見離されている。永年にわたって

古紙リサイクルシステムを守るためには、市民との連携が不可欠。リサイクルに携わる市民、行政、リサイクル業者、メーカーが知恵を出し合い最善の方法を考える場を」と力説した。

自治体からリサイクルの現状を報告した志木市環境整備課の土橋春樹さんは、「古紙リサイクルには市民の協力は欠かせない。市民団体への奨励金をキロ当り５円から10円に増額したところ古紙回収量は倍増した」と市民との連携の重要性を語った。

また別の視点から、紙パルプ・植林問題市民ネットワークの川上園子さんは、「植林は環境にやさしい、という概念は捨ててください」と日本企業が熱帯林などを伐採したあとにすすめているユーカリ植林の問題点や世界的な森林生態系の破壊の現状を訴えた。

いずれも相互に深く関連する重要な問題提起で、一朝一夕に解決が求められるわけではないが、その後参加者の活発な議論も行われて、市民行動ネットワークの結成と今後の行動計画が採択された。

なお、この集会の詳しいレポートは、現在作成中（５００円程度の実費でお頒けします）ですので、ご希望の方は事務局までお問い合わせください。

古紙ネット　会報（創刊号）より

(1) 再生紙を使おう―古紙ネットの活動の基軸に

―古紙問題市民行動ネットワーク（古紙ネット）の結成と、市民の活動について、お聞きします。この危機が「設立の動機になった」と園田さんは言われています。別図には、紙の生産・消費についての社会的な流れが示されていますが、長く続いてきた古紙などの資源回収の仕組み自体が崩壊する危機に対応して、古紙ネットは、どのような人々が立ち上げたのですか？

園田　首都圏を中心にごみ問題にかかわってき

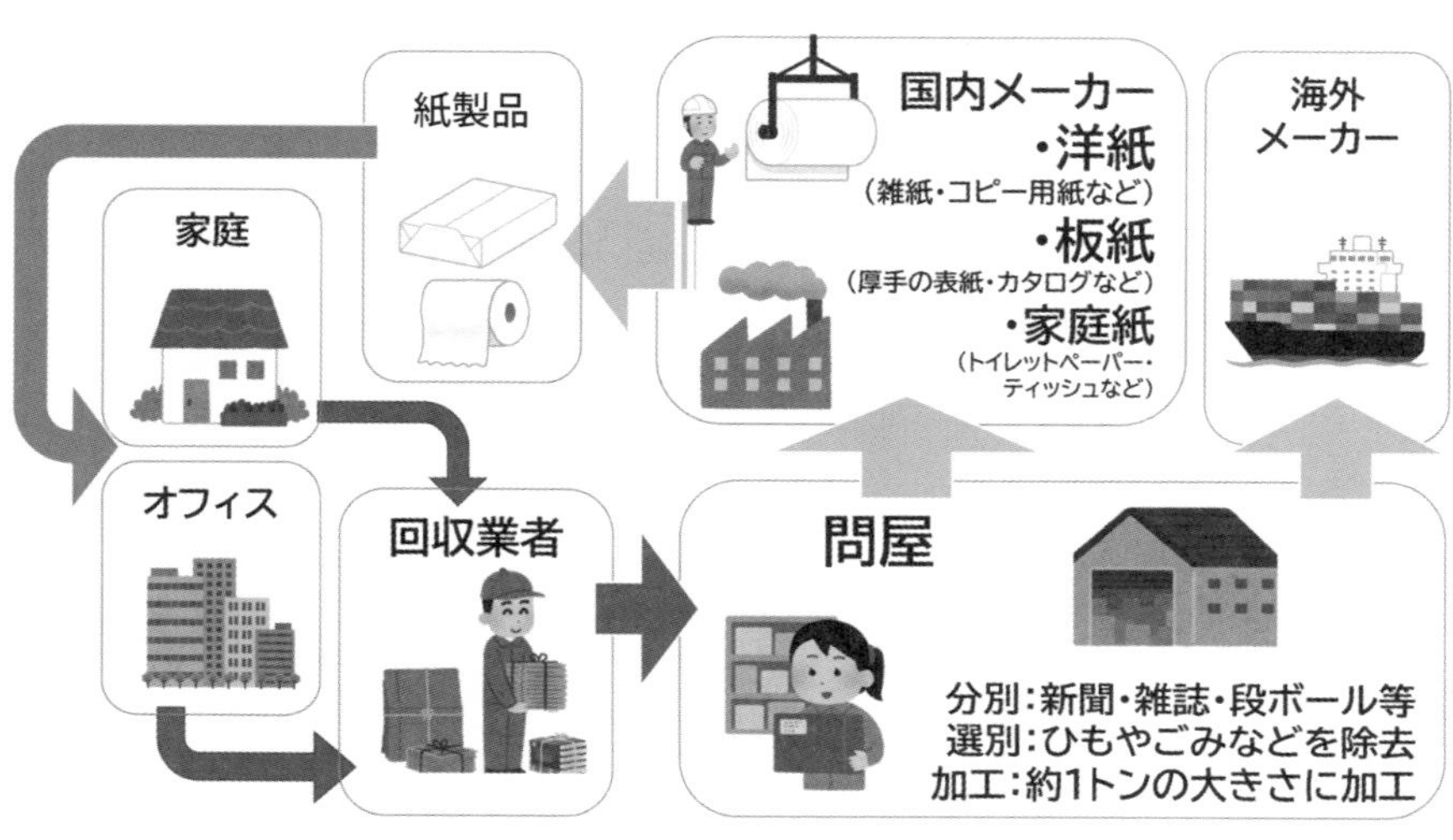

図表３　紙の生産、消費についての社会の流れ

た市民や市民団体の人たちが、集まり結成しました。

―活動の内容を教えてください。

園田　古紙の経済「需要と供給」のバランスの不一致による供給過剰でのだぶつきを解決するためには「集めるだけでなく、使ってこそのリサイクル」ということで、再生紙を使おうと呼びかけ、「再生紙製品入手リスト」などを作りました。

―国が対策を考えても、どこから始めてよいかわからないように見える時に、「再生紙を使おう」という目標を定めた素晴らしい方針の絞り方ですね。

園田　一般市民も「分別回収に出す」ということは、工場で使われる紙の原料の生産者の一人ということなので、「紙の循環」を意識し、出口が狭まった場合は広げる努力をすることが大事だと思いました。

―その上で、製品リスト作りに入られた？

園田　再生紙と言っても、トイレットペーパーは、市民はスーパーなどでも手に入りましたが、再生紙を使用した印刷用紙、コピー用紙、ノートなどは、どこに行けば手に入るのかがわかりませんでした。そこで「製造先」「製品名」「販売先」のようにまとめていきました。

―反響を呼んだでしょうね。

園田　私たちで千部は印刷しました。各所でそれをマスプリして広げていったと聞いています。

―その他には、どのような活動を？

園田　製紙会社、出版会社、新聞社などの業界に再生紙を作り、利用するように働きかけました。また国に対しても、担当部署に働きかけを行い、シンポジウムにお呼びしたりもしました。

―当時の「古紙ネット」の報告をみると、日本商工会議所、経済同友会、日経連等に、霞が関グループ、大手町グループと皆さんが要望書を手分けして提出に出かけていますね。

園田　霞が関の通産省生活産業局の紙業印刷課へは、再生紙への転換、回収業者への支援策を。郵政省切手文通振興課葉書係へは、ハガキなどに古紙を入れる。文部省初等中学教育局教科書課へは、これまで再生紙利用が一部だったが、拡大するよう要請。大手町では、経団連の広報部と産業基盤部にはオフィスの紙、折り込みチラシ、カタログ、パンフレットに再生紙を。新聞協会への要望には、新聞紙に古紙混入率を上げたものを使うようにと求めました。

それに対し、製紙連合会、パルプ古紙部からは、「ユーザーの意向を重視しなければならない、どの紙を使うのかは、出版社が決める」という話があった。製紙メーカーでは、「印刷が鮮明であることなど、再生紙を使うというよりは、逆の動向にあること」が話された。

―直接訪ねて行ったところだけでなく要望書も送付をしたのですね。

園田　送付先は、古紙ネットの報告書に記載した（別途参照）ように、百貨店協会、国の省庁、日本新聞販売協会、朝日、毎日、読売、日経、産経、地方新聞協会、共同通信社、日本広告連盟、日本広告制作協会、王子製紙、日本製紙、大王製紙、東海パルプ、本州紙業、三菱製紙など製紙メーカー、講談社、集英社、小学館、文藝春秋社、中央公論新社、学研、河出書房新社など出版社、印刷会社などです。

(2) 再生紙利用を阻む白色信仰

―私たちが日常触れる新聞やハガキや本だけでなく、社会の中でどのように紙が使われているのかという点が浮かび上がるような取組みでしたね。また世の中の使用する紙への白色信仰が、単に一般的な傾向ではなく、印刷物の鮮明さを求められている現場の声に基づいていたなど、貴重な情報でした。

園田　それが影響力を持ったかどうかわかりませんが、「率先実行計画」が閣議決定され、国や事業者、消費者としての環境保全に向けた取組み実行のための行動計画の中で、再生紙の使用が謳われました。

―内閣を動かすぐらいの大きな力を生み出したということですね。しかもそれは、古紙のリサイクル、再生紙の利用にとどまらず、環境や社会に配慮した買い物の仕方を進めるグリーン購入に繋がっていったのですね。

園田　そこまで大きな力を生み出していたかは、自分たちではわかりませんが、グリーン購入については、その通りです。当時の対象製品は、再生紙の他にも節水、省エネ機器、低公害などがリストに上がっていましたが、再生紙が取り組みやすく、口火を切ったのかと思います。国の環境省や日本環境協会はエコマーク、経産省は、環境ＪＩＳなど、国によるこうした動きに連動して、都道府県や市町村でもグリーン購入基準として、古紙配合率を高くしたり、白色度を70％以下に設定するなど行いました。

—業界には、要望書などを持って直接話し合いをしたのですか。対応はどうでしたか？

園田　全体としてそんなに悪くなかったと思います。製紙メーカーは、紙パルプの上質紙では、発展途上国の低コスト輸出品に押され始めていたところで、上質紙の生産が継続できるかという状況でした。再生紙に需要ができ、再生紙が活路になった、ということはあるかと思います。それまで日本には、白色信仰があり、ＪＩＳ規格では白さが問題となっていましたが、「白色度が低めの紙をあえて選ぼう」という動きが起こり、価値観自体がよりエコなものを選ぶという方向にと転換したと思います。

(3) 市民活動だから切り開けた古紙・再生の道

—社会に根付いている白色信仰を打ち破ることは、市民の中からの動きだからこそ実現できたことですね。

園田　古紙の利用率の割合を増やせば、生産される紙の白色度は、どうしても下がってしまいます。白いものほど良いといういわゆる白色信仰の下では、古紙の利用を増やすことにどうしても限界がありました。製造メーカーも、国民の側、ユーザーの白色信仰まではどうすることもできません。

—また回収率に比べて、利用率はかなり低い

ですが、この利用率は、国内利用率ということですか？　そのほかは、資源として輸出しているということでしょうか。

園田　その通りです。古紙の利用量を増やすためには、古紙の輸出も必要ですが、やはり国内での利用率をどう増やすかが課題でした。

―古紙だけでなく、資源リサイクルは、リサイクルしたものの使い道、行き先の確保が大きな課題ですね。その意味で、再生紙の利用の足かせになっていた古紙の使用量を増やすこのような取組みは、大変画期的と感じられます。

園田　高度成長期、より上質のものを求める価値観が、強くありましたが、案外「環境に良く、循環利用する再生紙の方がより良い」という価値観の転換が早かったように思います。

⑷古紙の資源リサイクル、自治体行政も取り組み始める

―その一方で、古紙の使用量が増えることで、古紙の取引値段が上がり、民間業者が、事業継続できるようになるには、どのような取組みがあったのでしょうか。古紙再生の入り口となる民間業者の危機を救うための行政の手助けは、どのように進んでいましたか。

園田　自治体との対話ということで、①全国都市清掃会議（１、１３０の市町村とメーカー、学者による社団法人）調査部②都市リサイクル推進協議会（東京都庁／総務局／行政部区政課／東京区政会館調査部）③東京都庁／清掃局／ごみ減量対策部　④リサイクル担当課長会（23区）⑤全国市長会／調査広報部　⑥全国市長会⑦自治体学会／事務局　⑧千葉県環境部環境課リサイクル班などに要望を出しました。

—古紙の回収は、清掃行政から見るとごみの処理処分量を減らし、焼却費用や埋め立て処分費用を削減できることになり、その分古紙回収に補填しても良いという考え方ですね。

園田　この面でも、東京の葛飾区では、新聞古紙が、キロ10円を下回った時、3円を限度に差額補給し、神奈川県では、横須賀市のキロ4円を筆頭に、川崎市、鎌倉市、茅ケ崎市などがキロ2円、平塚市、藤沢市が、一日一車両27,700円補助。埼玉県では、庄和市のキロ10円、皆野市、川越市のキロ4円、戸田市の廃棄物収集従業員厚生補助金50万円、千葉県では、船橋市キロ4~5円、松戸市、千葉市3円などの補助金が出される動きが作られました。

—回収業者の苦境に行政が対策を検討し、支援する動きができてきたのですね。古紙などを資源ごみとして分別するいわゆる沼津方式は、回収業者がいなければ不可能であり、これまで民間業者に頼りっぱなしだった資源回収について、今回の危機をきっかけに大きな転機を迎えたと言えますね。

園田　この取組みをきっかけに、古紙分別回収なども、本格的に行政が取り組み始め、特定の日にちを一月や一週間の間に設け、集積所に古紙やビンや缶などの有価物を置けば、回収するという仕組みが広がりました。そして行政が契約を結んだ回収業者が回収し、古紙の値段に係わらず契約料金を払うという仕組みもできました。

—古紙ネットの皆さんの取組みがあればこそ可能だった転換ですね。

2　古紙ネットの活動を振り返って（Q＆A）

(1) 江戸時代から続く、民間のリサイクルシステムを守る

—改めて、古紙ネットのことをお伺いします。古紙ネットワークが結成された93年４月25日「どうする古紙暴落緊急市民集会」の報告では、市民、資源回収業界、製紙メーカー、行政関係と多彩な人が参加して、園田さんが発言していますね。

園田　結成の趣旨では、江戸時代以来環境保全のために大きな役割を果たしてきた民間のリサイクルシステムは、再生資源価格が低迷し、静脈産業が存亡の危機にあり、草の根活動を大切にしながら、横のつながりを広げ、調査研究できる市民プロジェクトを目指すと訴えました。

—その集会では東京都資源回収協同組合の紺野武郎さんが「今壊れかかっている民間の回収機構が壊れてしまえば、二度と再び作り上げることができない」と訴えています。結局それまでは、古紙やビン缶、古布などのリサイクルシステムは、民間の回収業者の人たちが支え、取扱価格の低下の中で、事業継続ができなくなったということですね。

園田　自治体からも、志木市の環境整備課の職員が市民団体の協力が大切という認識を示し、市民団体への奨励金をキロ当たり５円から10円に倍増したなどの報告もしてくれました。つまり、自治体による資源回収の奨励と回収業者への支援ということです。

—志木市といえば、園田さんが住んでいた市

写真１　古紙大暴落・回収機構崩壊阻止、市民と集う日資連、全国総決起大会

ですね。

園田　私が住んでいる埼玉県は、20年前、埋め立て処分場が少なく、当時焼却灰や不燃ごみの40％は、県外に運んで埋め立て処分していました。県外への持込率は、日本でワースト１だったと思います。そうしたこともあって、県下の市町村は、どこもごみの減量リサイクルに取り組んでいました。

(2) 背景にあったごみ焼却や処分場問題

―可燃ごみは燃やしても約10分の１が、焼却灰として残ります。埋め立て処分する焼却灰を減らすためには、燃やすごみを減らさなければならないという発想ですね。埼玉だけでなく、全国的に紙ごみのリサイクルが進みました。

園田　処分場の計画地での反対運動も、環境を大切にする大事な動きだったと思います。焼却にまわるゴミが急増する中、とりあえず、古紙・

金属缶は行政が回収しよう、となったわけです。その頃「使い捨て」の風潮を変えたいという人たちの中で牛乳パックを回収・再資源化できないか、ということで模索し、回収ルートを作り上げた「パック連」の活動もありました。

(3) 消費者への働きかけ

―当時の市民団体の活動は具体的で、わかりやすいと感じます。

園田　古紙ネットのことを思い出すとずいぶん多くのことをしました。

すべては、資源化を目指したスムーズな循環を作りたいということだと思います。国民の側からの紙の消費量の抑制なども意識し、議論となりましたが、受け皿がなければ分別資源化はできないですから。そのためには利用先を増やさなくてはなりません。先にご報告したように郵政省にはがき、文部省に教科書など、国だけでなく経済界も含め、働きかけに行きました。

―最終的な最大の消費者は、国民・市民ですね。

園田　白色度に関連する話としては、次のような話もありました。できるだけ、回収古紙を使っていくためには、白色度の低い再生紙を購入する必要があります。そうでないとインクを抜く薬、漂白剤が増えてしまいます。私たち国民が、白色度や、脱墨(だっぼく)もれのしみなどを許容する購入姿勢を作らなければ、という点は、再生紙の生産の実情を知ることで改めて知ることになりました。ところが、トイレットペーパーが、新パルプのものの方がよく売れ、古紙で作ったものも、白色度が高い方が売れるため、資源化には高い壁がありました。

―古紙問題、古紙の資源リサイクルは、紙は白い方が好ましいという国民の感覚、社会の生

活、文化を、私たちがどのように変えていくかの問題だったということのようですね。

園田　トイレットペーパーの原材料に、新聞雑誌は使われず、上級古紙が使われている実態がありました。それを突破するために、静岡県富士宮市のトイレットペーパーメーカーと交渉し、市民が産み出した「うれしいトレペ」に関わったりしました。また、紙ひもを普及したり、多摩市の江尻さんが取り組んでいた学習帳を再生紙にする活動を広報紙で知らせたり、感熱紙や臭いのついた紙や粘着シールなどのついた禁忌品（製紙の原料にならないもの）になるような紙を極力使わないようにと、印刷産業界、雑誌関係などに要望しました。富士市の製紙スラッジ問題も知り、海洋汚染をなくしたい、と広報紙などで知らせました。

(4) 活動の多様性

―当時の活動は、対象エリアが広いですね。

園田　熱帯林ネットワークなどの海外の木材問題に取り組む団体とも交流し、電話帳の問題でいっしょに活動したり、感熱発泡紙を市中に出さないようになどの要望を関連企業に出しています。

―そうした活動をまとめてお聞かせください。

園田　再生紙リスト作り。販売。グリーン購入ネット、グリーンコンシューマー、エコマークにも関わり。関係メーカー・行政への働きかけ。通産省の紙業印刷業課とも対談。中部リサイクル運動市民の会とも交流。

工場見学も多数、紙パ連合……労働組合とも交流。

バルデーズ研究会のグリーン購入部会とも交流。

オフィス町内会とも交流。滋賀県県庁とも。これに容器包装リサイクル法（容リ法）が加わって。

エコマークに係わる中で、最近印刷サイドや雑誌発行サイドで、「リサイクル適正」をかなり意識して調査・研究していることがわかりました。

ずいぶん変わってきた……と思いました。私たちの活動が、そういう方向に押したという成果はあるかもしれません。

環境省の「率先行動計画」を皮切りに、自治体も再生紙の積極購入に取り組みはじめました。未だ課題は多く、多少逆戻りもありますが、要望してきた方向に世の中が進んだという感じはあります。今でも木材パルプを消費しすぎていると思いますが、木材資源の消費量を減らすのは、良いことだと思います。

3　次世代に伝えたいこと（Q＆A）

—ＳＤＧｓが重要な課題となっている今の時代へ一言を。

園田　いろいろな資源を再利用していく場合、再商品化製品には、「キレイな製品であれ」とのあまり意味のない厳しいチェックに目を向けるのは、良くないと思います。包装の印刷について、1ミリでもずれていると、一（ひと）コンテナごと返品になってしまう。ちょっとしたインクのにじみもダメとされる。緩衝材やボール紙も少しインクの染みがあるだけで、ダメだということを、現場の人から何回か聴きました。食品の賞味期限等の規格の厳しさで、食品ロスが発生してしまうことに共通しています。

資源化率を上げ、コストを下げるためにも、社会全体で使い道によって、基準を緩めた方がよいと思います。メーカーが「消費者は、シミ・にじみをきらい、きれいな方を買う」と先取りして、シミ・にじみを極力避けることにより、若い消費者にとって当たり前となり、より潔癖な消費行動をとる傾向になる、という悪循環を逆転させたいです。コストも下がると思われます。

―園田さんが古紙の再生に関わってこられたからこその提言ですね。

園田　ＳＤＧｓで言うと、目標の12番「つくる責任、つかう責任」に当てはまる問題だと思います。皆が「循環」を意識して、製造者は、ライフサイクルアセスメントによる製品設計を徹底化し、購入者は、エコな買い物をするということを進めていきたいです。例えば生分解プラスチックです。再生現場に混入してきた時、どのように取り扱えるのか、新製品を市場に出す時に、再生現場でどのように再生できるか考えた上で、製品設計をしてほしいです。

その方が心地よい生活ができると思います。

―ありがとうございました。

（青木）

プロフィール

園田真見子

1948年　宮城県仙台市生まれ

1972年より埼玉県志木市在住

＊みどり里グループ会員

（地元の有機野菜・米の共同購入グループ　1985年頃～現在）

＊古紙問題市民行動ネットワーク　事務局長（1993年４月～1999年２月）

＊志木市廃棄物減量化資源化等推進審議会委員（1994年度～2019年度）

＊志木市環境市民会議委員（1998年度～1999年度）

＊環境省　中央環境審議会　廃棄物・リサイクル部会　容器包装リサイクル法制度に関する拡大審議会委員（2004年７月～2006年６月）

＊環境省　中央環境審議会　廃棄物・リサイクル部会　容器包装の３R推進に関する小委員会委員（2006年８月～2011年12月）

＊第２期　志木市環境市民会議委員（2007年11月～2009年３月）

＊第３期　志木市環境市民会議委員（2018年４月～現在）

＊ナチュラル・ライフ（地元の市民グループ　2020年11月～現在）

第2章

生ごみ資源化

1．生ごみリサイクル全国ネットワーク

福渡　和子さん

・「私が考える廃棄物問題とその解決策」
　―家庭の生ごみリサイクルは家庭での保管と民間活用で実現を―
・「生ごみは可燃ごみか」
・福渡さんの本音に迫る
・生ごみはどのように処理すればよいのか
・次世代への一言

2．生ごみ資源化の前人未到の実験

加納　好子さん

・生ごみ堆肥化プラントの取組み
・生ごみ処理の足跡
・HDM方式他好気性微生物による生ごみの消滅方式の見学会報告
　―酒の発酵技術よりはるかに簡単―
・加納さんから見たHDM方式見学・交流会（加納さんHP視点より）
・天国の加納さんへ

1. 生ごみリサイクル全国ネットワーク　福渡　和子さん

家庭から出るごみの3大要素は、「生ごみ」「紙ごみ」「プラスチックごみ」です。自治体によっては、生ごみは排出されるごみ量の半分以上の重さを占め、「生ごみ」の資源化は、自治体にとってだけではなくごみ問題の大きな課題でした。

福渡和子さんは、「生ごみ」に注目し、80％以上が水分でしかない生ごみを焼却することのエネルギーの浪費と資源利用を唱え、生ごみリサイクルネットワークをつくり、全国組織に発展させました。生ごみリサイクルというと「福渡和子」という名が出るように、ごみ問題では有名人です。

生ごみリサイクル全国ネットワークの事務局長として活動し始めるとともに、「月刊廃棄物」誌で、「生ごみリサイクルのゆくえ」というコーナーに執筆を続けました（現在は「生ごみリサイクル基礎講座」と改称）。生ごみリサイクルに取り組む先進自治体の取材をしたり、ごみの減量のための提案を行ってきたのです。全国の自治体の取材報告に加え、『生ごみは可燃ごみか』（幻冬舎新書）という基本的な疑問を表題にした本も発表しています。

専業主婦であった福渡さんが、なぜ「生ごみ」問題に取り組み、それをライフワークにするに至ったか。日本の「焼却推進主義者」たちと闘ってきた活動の背景に見えてくる日本のごみ問題。その課題と先頭で取り組んできた福渡さんを紹介します。

まず、「月刊廃棄物」誌でのインタビュー記事やご自身の著作での要点を紹介します。次に青木による福渡さんへのインタビューを掲載します。

1 「私が考える廃棄物問題とその解決策」
―家庭の生ごみリサイクルは家庭での保管と民間活用で実現を―
（月刊廃棄物誌より）

本誌では廃棄物問題に長く取り組んでおり、廃棄物に関する知識や経験などを豊富に持ったスーパーバイザーに、今抱えている廃棄物の問題とその解決策、今後の展開などを一般廃棄物を中心に、循環型社会へ向けての考えなどを語っていただくことでさまざまな読者の皆さんに今後の施策や方向性を見据える一助になればと考えました。

家庭のごみは分別が進み、リサイクルもされるようになってきましたが、生ごみだけは依然として可燃ごみとして燃やされています。食品リサイクル法によって事業系の食品廃棄物は徐々に資源化されるようになっていますが、家庭の生ごみは廃棄物処理法の対象のまま。

「NPO法人　生ごみリサイクル全国ネットワーク」事務局長の福渡和子さんは、この家庭の生ごみのリサイクルに一貫して取り組んできました。そしてさまざまな試行錯誤の末、「通気式生ごみ保管容器〝カラット〟」をつくり、現在、その普及を目指しています。

なぜ、家庭の生ごみはリサイクルされないのか。どうすればリサイクルできるのか。福渡さんに単刀直入に聞いてみました。

(1) 取組みのきっかけは？

―福渡さんは家庭の生ごみリサイクルに一貫して取り組んできましたが、生ごみのリサイクルに取り組むきっかけは何だったのでしょうか？

福渡　私は転勤族だったのですが、平成の初めに世田谷区に定住しました。ここで古紙回収のおじさんに協力して古紙と古布を出していました。ところが円高の影響で古紙の価格が暴落し、回収のおじさんが来なくなってしまいました。たまった古紙を可燃ごみとして出すことに違和感があり、「資源として使えるのに燃やしたくはないな」と強く思いました。

ちょうどその頃、新聞でロシアの宇宙飛行士の「宇宙から見た地球は宝石のように美しいが、近づいてみるとアマゾンの森はずたずたで、あちこちで砂漠化が起こり、このままでは地球がだめになる」という報告記事を読みました。日本の宇宙飛行士は地球が美しいことしか言いませんでしたが、ロシアの宇宙飛行士のこの言葉が心に深く刺さりました。

そして直観的に「大量生産・大量消費を続け、ごみをこのまま出し続ければ、本当に地球がおかしくなってしまうかもしれない。何かしなければいけない」と思い、とにかく何かやってみようと、自宅の庭を使って、ビン、缶、古紙、古布、トレイ、紙パックの拠点回収をボランティア活動として始めました。

月1回の回収でしたが、同じ思いを持つ主婦が多かったのでしょう。広い庭を持つ住民が自主的に参加してくださり、成城地域に7ヶ所の大きな拠点回収システムができ、地域の住民の方に大変喜ばれました。この拠点回収活動は世田谷区がリサイクル事業を始めたときに任せることにしました。というのもこの工業製品のリサイクル活動は大量生産、大量消費の片棒を担いでいるようで、活動していても何か釈然としない感じを持っていましたので……。

―資源回収が生ごみリサイクルの活動の原点だったのですね。

福渡　私が生ごみリサイクルに取り組むきっかけを与えて下さったのは、実は「月刊廃棄物」という廃棄物専門雑誌を出している㈱日報の故久富欣也編集長なのです。編集長から当時流行り始めていたEMを使った堆肥づくりを実践し感想を書いてくれないかと依頼がありました。その実践で生ごみが土壌微生物の働きで土になることを私は初めて知りました。

ちょうどその頃、当時㈶土壌肥料学会の副会長をされていた伊達昇先生と出会い「土には無数の微生物がいるから特別な微生物資材がなくても生ごみは土になる」ことを教わり、また「月刊廃棄物」のリポーターとして、さまざまな自治体や企業の生ごみ資源化の取組みを取材する中で、植木剪定枝や雑草も微生物の分解（力）

で堆肥（土）になることを知り微生物の偉大さを学びました。当時、ＥＭで生ごみの堆肥化に取り組む人たちは堆肥そのものがどのようなものかも知らず、とんでもない堆肥をつくっている団体を多く見聞し、「生ごみなど有機物の分解に係わる微生物と堆肥についての基礎知識の普及」が大切だと実感し、96年に「生ごみリサイクル全国ネットワーク」を立ち上げました。

98年にはネットワークで「生ごみなど未利用有機物の資源化と有効活用の推進を求める請願」を国に提出しました。この請願が実り、「農業環境３法」と「食品リサイクル法」が制定されました。しかし、私たちが求めていた家庭の生ごみは検討するようにという付帯決議となってしまい、「家庭生ごみは保管している間に臭くなる。腐った生ごみから良い堆肥を生産することはできない」という理由で、食品リサイクル法の対象とはされず、廃棄物とみなされたのです。

—活動資金はどうしているのですか。

福渡　ネットワークは微生物資材や容器を売る組織ではなく「微生物や堆肥化についての基礎知識」を普及する団体ですので、活動資金はゼロに近い状態です。資金のないＮＰＯやＮＧＯを支援する「地球環境基金」に毎年、応募をしています。応募するには、この事業は何を目標に行うのか、この事業をさらに発展するにはどうすればいいのか、を絶えず企画立案しなければなりません。大変な作業ですが、活動の「立ち位置」を客観的に把握し反省する良い機会になっているので続けています。

(2) 生ごみリサイクルの問題点

—福渡さんが考える生ごみリサイクルの問題点とはなんでしょうか。

福渡　生ごみを分解する微生物は、自然界では分解者として物質循環の要となる存在です。「微生物は地球の掃除屋さん」といわれるように、動植物の遺体や排泄物、例えば落ち葉や倒木、獣のフンや昆虫の死骸などすべてを分解し、多様な元素を含有する豊かな土とし、自然界の植物を育てます。ですから、生ごみは微生物の力を借りて、健康な農産物を育てる堆肥にすればよいのです。それが自然界の循環に適った処理方法なのです。

ところが日本の焼却推進主義者たちは、焼却技術で生ごみを処理できると考えています。結果、生ごみが持つ貴重な必須元素は有害物質の塊のような焼却灰とともに埋立地に捨てられ、農地に戻すことはできません。必須元素不足の農地では健康な農作物は育ちません。農薬の力を借りてようやく育てている状態です。

もう一つの問題は、水分率80％以上といわれる水分の多い生ごみを焼却することです。「生ごみを燃やす」ということは「水を水蒸気にすること」で、水を水蒸気にするために大変なエネルギーを使います。それだけでなく、水は水蒸気となると体積は千倍以上となり、排ガス（水蒸気も含む）の処理に多くのエネルギーと薬剤を使います。白煙の処理にもエネルギーを使うので焼却処理は非常にお金がかかり、しかもCO_2を大量に排出し温暖化を加速するので、先進国では、生ごみを焼却するようなことをしていません。

ドイツ・ＥＵの循環経済・資源政策では、バイオ（生ごみ）廃棄物について、加盟国は23年12月31日までに分別収集して資源化することを目標に掲げています。

日本でも、市民も自治体もこの事実に目を向け、生ごみの水分減量と資源化に真剣に取り組み、低炭素社会への移行に協力すべきでしょう。

生ごみを可燃ごみとする社会では「自然との共生」を本当に理解する市民は育ちません。健康な農作物を手にすることはできません。

食品リサイクル法、さらには改正食品リサイクル法が整備され、定期報告制度や認証制度なども整い、対象事業者の取組みは着々と進んでいます。法律ができれば皆さん優秀ですから努力されます。しかし残念なことに、法の対象となっていない家庭の生ごみは92％以上が相変わらず焼却されています。

(3) 家庭の生ごみリサイクルループの実現に向かって

―では、どうしたらいいのでしょうか？

福渡　生ごみのリサイクルも古紙など工業製品のリサイクルと同じように「役割分担」をすればいいのではないでしょうか。古紙のリサイクルを例にすると、家庭から排出される古紙は、家庭で新聞、雑誌、段ボールに分類し、縛って出します。自治体は収集を担い、製紙工場でリサイクルします。リサイクルをするのは専門の製紙会社になります。

生ごみリサイクルでの家庭の役割は排出する生ごみの水分を減らし分別して出すことです。自治体の役割は、収集・運搬を行うことです。そして堆肥化は良い堆肥を生産している専門性の高い堆肥化工場に任せます。そうすればそんなに負担なく生ごみリサイクルができます。

自治体は他の工業製品のリサイクルと同様に、生ごみも資源として収集する受け皿を作るべきだと思います。

―しかし、家庭の生ごみは扱いが難しいとよく言われますが……。

福渡　「生ごみは臭い」とよく言われますが、生ごみが出たときは臭くありません。臭くしているのは人間です。ビニール袋に入れて密封し保管すれば酸素の存在しない状況で生育する嫌気性菌が生ごみを分解し、悪臭を出します。生ごみに常在する微生物についての基礎知識が普及していないのです。水切りをし、風通しの良い状況で保管すれば嫌気性菌は休眠するので、生ごみは臭くなりません。

そこで、ネットワークでは、家庭で生ごみを乾燥させ悪臭を出さない道具を創りました。「通気式生ごみ保管容器〝カラット〟」です。このカラットの普及を目指しています。

カラットがあれば悪臭を出さずに生ごみを保管することは簡単にできます。生活習慣をちょっと変えるだけでできるのです。若い人では生活習慣は1カ月続ければ、だいたい定着します。高齢者の人は、ちょっと……。

―家庭の生ごみのリサイクルループが実現できるといいですね。

福渡　工業製品のリサイクルばかりしていては循環型社会そのものの存続が危うくなってしまいます。人間社会は地球生態系の上に成り立っています。地球上に棲む生物はすべて平等に生存する権利を持っています。経済的に先進国とされる国に住む人はもっと謙虚に欲望を律することをしなければいけません。「足るを知る」ことこそが大切です。地球環境を悪くした私達世代が、地球環境の修復や改善をしないと、未来の人達に申し訳ないと思います。

―最後に、一言をお願いします。

福渡　「まずは活動してみる」ことです。活動することで見えなかったものが見えてきます。そして壁に当たることでそれを克服する知恵も生まれてきます。そして「継続する」ことです。継続することでたくさんの人が協力をしてくれますし、いろいろなことが見えてきます。

（以上『月刊廃棄物』09・7月号より、本人による加筆引用。質問は『月刊廃棄物』編集部）

2 「生ごみは可燃ごみか」（以下同名本から抜粋）

福渡　和子

(1) 〝可燃〟とは「よく燃えること」、「燃えやすいこと」

日本には〝可燃ごみ〟というふしぎな言葉があります。ごみ処理分野で使われるふしぎな言葉で、水を大量に含む生ごみが可燃ごみとなっています。

自治体がつくる「ごみの分別・出し方」のガイドブックを開けば、生ごみは〝可燃ごみ〟あるいは〝燃えるごみ〟のカテゴリーに入っています。〝可燃〟という言葉を辞書で見れば、「よく燃えること」、「燃えやすいこと」とあり、可燃ごみという見出し語はありません。

水は火を消す時に必要なもので、水がよく燃えるとも燃えやすいとも思いません。なぜかこの水を大量に含む生ごみが、自治体のガイドブックでは「よく燃えるごみ」、「燃えやすいごみ」として扱われているのです。

中には、〝可燃ごみ〟という表現を用いず、〝燃やすごみ〟としているところもあります。生ごみを〝燃えるごみ〟として扱うことにいささかのためらいがあるのでしょうが、それでも実態は同じことです。

少数の自治体は、一般廃棄物処理計画の中に生ごみの資源化を位置付け、生ごみを堆肥やエネルギーの原料として収集しているし、生ごみを自宅の庭の土へ還し、野菜や花を育てるのに活用している人もいます。しかし、いずれもごく少数であり、ほとんどの自治体は生ごみを〝可燃ごみ〟として扱い、多くの生活者は生ごみを可燃ごみの収集日に出しているのです。

〝可燃ごみ〟の袋にはどのようなものを入れるのかと聞くと、「粗大ごみ、不燃ごみ以外の

図表1　生ごみの組成
生ごみの半分が野菜と果物

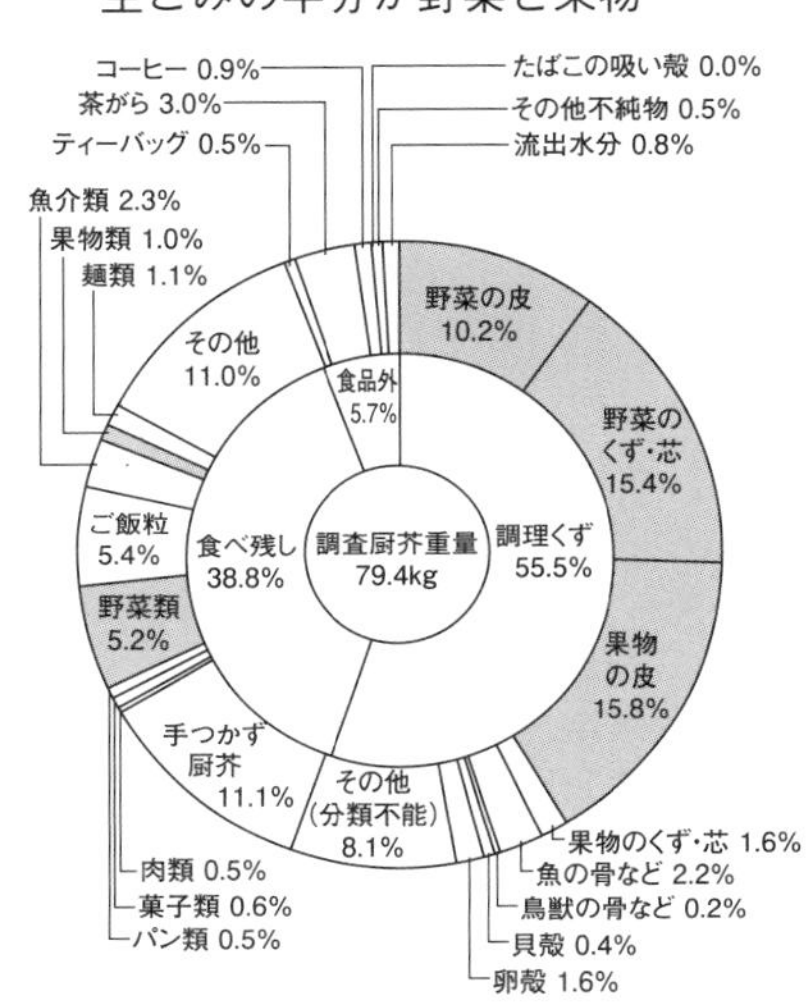

出典：平成19年度京都市環境局家庭ごみ組成調査（生ごみ）を基に作成

図表2　食品の水分率
野菜と果物は大半が水分

食品	水分率	食品	水分率
サヤエンドウ	89.8%	温州みかん	88.7%
かぶ	92.9%	いちご	90.1%
カボチャ	88.9%	桜桃	84.8%
キャベツ	92.4%	バレンシア	89.5%
きゅうり	96.2%	柿	83.1%
小松菜	91.9%	干し柿	83.1%
さつまいも	68.2%	キウイフルーツ	84.1%
じゃがいも	79.5%	スイカ	90.1%
大根	92.4%	いわし生	71.9%
玉ねぎ	90.4%	いわし生干し	59.5%
白菜	95.9%	いわし丸干し	36.1%
ニンジン	90.4%	煮干し	16.5%
ピーマン	93.5%	ごはん	65.0%
ブロッコリー	84.9%	食パン	38.0%
ホウレンソウ	90.4%	ゆで卵	76.0%
もやし	88.3%	ロースハム	65.0%

出典：日本食品標準成分表　科学技術庁資源調査会4訂版より

不要になったものを可燃ごみの袋に入れて出している。生ごみはもちろん可燃ごみで出している」と、たいていの人はこんな答えで、中には生ごみ焼却は、とても進んだ処理方法で、世界に誇れる処理方法と思い込んでいる人も多いのです。

(2) 生ごみは水分が80%以上

家庭から出る生ごみは、多くが野菜くずや果物の皮です。図表1に掲載した円グラフは、京都市環境局が家庭の生ごみの組成を細かく調べたデータです。これを見ると、野菜や果物の皮や芯といった調理くずが43%。食べ残しの果物類と野菜類も加えると49・2%となり、野菜と果物が全体の約50%を占めています。

それでは、この野菜や果物に含まれる水分はどれくらいなのかというと、日本食品標準成分表によれば、図表2の「食品の水分率」に見る

含水率60％のにんじん
（水15g、固形物10g）
◉水分75gを気化（蒸発）させたにんじん。

含水率90％の新鮮なにんじん
（水90g、固形物・10g）。
このままでは燃えない。

図表３　人参の水分蒸発前後の写真

ように、およそ重量の80～90％以上となっています。

水分率とは、その食材が水分をどれくらい含有しているかを表す言葉です。

例えば、ニンジンの水分率は90・4％、約90％となっています。

では、可燃ごみとなったニンジン１００ｇは、焼却炉の中で、どのように燃えるのでしょうか。図表3の写真の右側は、新鮮な生の１００ｇのニンジン。１００ｇの内、水分は約90ｇ、固型分は約10ｇ、含水率90％のニンジンです。一方左側は、乾燥させて水分を75ｇ蒸発させて15ｇまで減らした含水率60％のニンジン。焼却炉の中では、さらに水を蒸発させ、結局、焼却炉で燃えるのは10ｇのみで、90ｇの水分は水蒸気となり、排ガスとともに煙突から大気中に出てゆくのです。

このように、生ごみが燃やされると、その80％以上を占める水分の蒸発に多大のエネルギーを使い生ごみの固形分を燃やすことには、使われませんん。詳細にいうと、次のようになっています。

・水1gを0℃から100℃にするのに要するエネルギーは100カロリー
・100℃のお湯、1gを完全に気化するには540カロリーのエネルギーが要る
・したがって、常温の水、1gを完全に気化するには約600カロリーのエネルギーが必要になることは、知られている

つまり100gのニンジンに含まれる90gの水を気化するには、およそ5万4000カロリーのエネルギーを使うことになる。一方、固型分の燃焼には、10g×100℃→約1000カロリーのエネルギーが必要とされ、水の蒸発にその約60倍もエネルギーを使っている。

微生物のことを知らない多くの人たちが、「生ごみは臭い、汚い、だから焼却したほうがよい」と考えているのか、「生ごみの処理なんかは自治体に任せているからどうでもよい」と考えているのか、私にはわからない。

しかし、このような「もったいない」ことを、そして甚大な税金の無駄遣いと環境への負荷を続けていいっていいものか、にっぽん国民の皆さんに聞きたい。そして何より焼却推進主義者たちに聞きたい。

――と、そんなことを悠長に言っていても始まりません。

日々／1082ヶ所（18年度現在）の焼却施設で、水分の多い生ごみ、し尿、草木、剪定枝、プラスチックを燃やし、排熱や水蒸気、二酸化炭素を大量に出し温暖化を加速し、排ガスを大気中に放出し、大気と土壌を汚染し続けているのです。

(3) キッチンから始められる温暖化対策

まずは、私たちの日々の生活の中で、今日か

らキッチンで始められる温暖化対策に取り組みたいと思います。

生ごみを流し（シンク）に落とさず水を吸わせない。

時間があれば乾燥させる。

できる人は推肥化する。

無駄な買い物をしない。

調理した料理は食べ切る。

——などなど、頭を使って、経済的で科学的でエコな生活を楽しみながら、生ごみや草木・し尿などの有機物やプラスチックの焼却をしないよう自治体に働きかける。

そして、自分たちが集積所に出したものが、どのように、どれぐらいの税金を使って資源化されるのか、焼却されるのか、環境にどのような影響を及ぼしているのかということにも関心を寄せ、自分たちの日々の生活が善い方向へ進化していくよう見守り、意見を言い、自治体と協働する覚悟が必要です。


それは、未来に生きる人々のために、気がついた人が取り組まなければならない社会的な責任ではないかと思います。

国の方針は、相変わらず焼却至上主義で、毎年、焼却工場関連に数千億円の予算を付けています。しかし、このような状況の中でも、ごみの焼却がもたらすさまざまな弊害とお金がかかりすぎることに気付き、独自にごみ減量と資源化に取り組み、素晴らしい成果を挙げている自治体もあります。

このような自治体には、必ずと言ってよいほど、頭の柔らかい進取の気に富む首長（市長、町長、村長）がいて、その首長の下には住民に信頼を置き、住民との協働を大切にして黙々と工夫し努力する有能な自治体担当者がいます。

生活者一人ひとりの努力と取組みももちろん大事ですが、やはり、継続性のある資源化システムや持続性のある循環のしくみをつくることは、自治体が動かなければできません。私たちはせめて、地元の首長を選ぶ際には、首長の人格や主張することに強い関心を持って耳を傾け、一票を投じるべきではないかと考えます。

家族の幸せと住まいを快適に整えることが生きがいだった一主婦の私が、生ごみと係わるようになり、社会の一端を学び、社会の一員としての責任に気付くまでのささやかな成長をさせていただいた。そのことにまず感慨を深くしています。

いま、原稿をまとめていますが、記憶の底から突如、島田美紀子世田谷区消費生活課長のお顔がわき出てきました。消費生活講座に参加し、生まれて初めての社会的な活動・ボランティアのリサイクル活動を始めた時、右も左もわからず無謀にがむしゃらに動き始めた私に半ば呆れながら、絶対的な信頼を寄せ、見守り支援くださった島田課長のやさしいお顔がしきりに浮かぶのです。そうだ。島田課長との出会いが、私を育て、いまに至っているのだ、ということにいま頃気付き、懐かしさと深い感謝の気持ちに包まれています。

また、微生物の世界へ導いてくださり、生ごみ全国ネットの立ち上げとその後に続く長い活動をずっと支援くださった『月刊廃棄物』・日報ビジネス㈱の皆さまのやさしいお心に深い感謝の念を抱き、心からのお礼を申し上げたい。

そして、なかなか進展しない生ごみリサイクル運動に気長に付き合い、この活動を支援してくださっている生ごみ全国ネットの会員の皆さまのあたたかいお心をしみじみありがたく頂きながら深い感謝の念に包まれています。

15年3月

以上（『生ごみは可燃ごみか』幻冬舎ルネッサンス新書　福渡和子著作「はじめに」「おわりに」より抜粋）

3　福渡さんの本音に迫る（Q&A）

(1) 活動へと突き動かしたもの

―改めて何がきっかけで生ごみ問題に関わったのでしょうか。

福渡　先にも述べましたが、資源化できる古紙類を可燃ごみに出し、とても不愉快で居心地悪く感じたこと、それに、ロシアの宇宙飛行士が「このままでは地球はダメになる」と報告しているのを読み、直感的に「このような生活を続ければ、本当に地球はおかしくなるかもしれない」と感じ、何かしなければと思ったことです。

―生ごみリサイクルネットワークは、世田谷での取組みを足がかりとして結成したのですね。

福渡　何かしなければと考えていた時、世田谷区消費生活課主催の講座「ごみとリサイクル」を受講しました。学んだことを教養で終わらせるのでなく、とにかく実践してみよう、実践しなければ何もわからない、と考えたことです。

(2) 進まない生ごみ資源化の背景

―月刊廃棄物誌で福渡さんは、「生ごみは資源」の考え方が市民の間で常識となってきた点も指摘されています。

福渡　そんなことを言っていますか。「生ごみは資源の考え方が市民の間で常識となってきた」というのは言い過ぎで、当時はまだまだ気負っていたので現実が見えなかったのでしょう。仮に市民の意識が高くなっても、自治体が「生ごみを資源」とする受け皿をつくらないと具体的に進まないでしょう。

―また、生ごみを焼却炉で燃やし、プラスチックなどと混焼すれば、ダイオキシンなどの有害物質による大気汚染とCO_2の大量排出につながるだけと指摘されています。

福渡　当初、プラスチックの焼却は有害物質の大量生産につながるので埋め立てていましたが、水分の多い生ごみ焼却はエネルギーを多く必要とするため、プラスチックの燃焼エネルギーを生ごみの水分蒸発に当てるようにと指導したのが環境省です。

環境省とは名ばかりで環境汚染省の看板を差し上げたいくらいです。

―生ごみなどの廃棄物は、元素（ミネラル）を含有する貴重な有機資源であるからうまく活用すれば、動物や植物にとって必須の栄養素となるのに、焼却炉で混焼すれば、焼却灰などの焼却残渣に残っている有害物質と混合され、利用できなくなるとも指摘されています。

福渡　その通りですよ。ですから日本の農地は微量必須元素が乏しく、化学肥料と農薬で農作物を育てています。諸外国で規制されている農薬も日本ではＯＫなのです。経団連の会長がどこかの化学会社の代表ですから、規制が緩くなるのでしょうか。国（官僚）も政権も大企業に忖度し国民の健康など考えていないようです。

(3) 生ごみ焼却の3つの疑問点

―最近の著作の中で、大切な三点を強調されています。

①水分含有量が、80%以上もある生ごみを、何故燃やすのかという疑問です。

福渡　その答えは、焼却至上主義の環境省官僚、自治体担当者、焼却工場を維持管理している人たち、焼却技術を磨いているプラントメーカーに聞いてください。私にはわかりません。

――②カーボンニュートラルの欺瞞ですね。生ごみを燃やしても、化石燃料由来のCO_2を増やすことにはならないという専門家の見解を批判されています。

福渡　カーボンニュートラルは有機物が含有する炭素に関するルールなのです。

生ごみ含有水分を水蒸気とするために要したエネルギー由来のCO_2は排出CO_2として、しっかり計上しなくてはならないのですが、廃プラスチック燃焼エネルギーを流用しているのに、その分を計上しないことを放置している環境省はおかしいのではないでしょうか。

――そうですね、生ごみを燃やすために化石燃料由来の重油や廃プラを大量に使っています。そこで発生するCO_2は、計上する必要がありますね。

――③世界の焼却施設の3分の2が日本にあるという問題点ですね。

福渡　22年現在では、世界の焼却施設の2分の1程度になりました。焼却率が変わったのではなく、環境省が大規模な焼却施設を建てるよう指導しているからです。それにしても日本の国土は世界の陸地のわずか0・28％に過ぎないのです。その狭い国土に世界の焼却施設の三分の二近くの、1、086（18年）施設が建設され、日々、水蒸気、排熱、CO_2を出して温暖化を加速しているのです。

4 生ごみはどのように処理すればよいのか（Q&A）

(1) 焼却がおかしいと考えることが、はじめの一歩

―焼却の現状を見た上で、どうすれば良いのかということですが。福渡さんのお考えを教えてください。

福渡 焼却に係わる既得権益集団の力は絶大です。そして多くの市民は生ごみを焼却することは衛生的でよい、日本はとても科学技術の進んだ国だから任せておけばよい、と考えているようなので、どうにもなりません。

学校で、有機物を分解する〝地球の掃除屋さん〟である微生物についての学習をしていないから仕方のないことかもしれませんが。

―これまで全国での先進的事例をご覧になって、特に推奨される自治体での事例を挙げてください。

福渡 私は多くを把握しているわけではないですが、地方で頑張っている自治体は多くあります。首長さん以下自治体担当者の方々はそれぞれの方法で頑張っておられます。

例えば

福岡県大木町・みやま市：生ごみとし尿汚泥をバイオガス化、残渣を堆肥化。消化液も農業、家庭菜園で活用するシステムを構築。

鹿児島県志布志市・大崎町：家庭生ごみの容器排出と堆肥化。

北海道北広島市：生ごみとし尿汚泥のバイオガス化、残渣を堆肥に。

札幌市、愛知県豊橋市、静岡県藤枝市、宮崎県綾町、鹿児島県日置市、栃木県芳賀町、新

写真１　生ごみカラットを卓上に置いての講演（22年沼津市文化センター）

潟県上越市など頑張っている自治体があります。

――〝生ごみカラット〟は生ごみを風通しの良い状態で乾燥させ、生ごみの嫌な臭いを出す嫌気性微生物の活動を抑える容器ですね。カラットについて、発想の背景、その受け入れ、普及状況、今後への期待について、お聞かせください。

福渡　カラットをつくったのは私で、商品化したのも私です。全くの赤字ですが、「生ごみを腐敗させない」という考えを形にしたので後悔はありません。有機物を分解する微生物の知識を持たず生ごみは臭い汚いと密閉容器に入れて焼却している日本の常識が遅れすぎている、ということです。市民はもう少し深く賢く考える人になって、行動に移してほしいですね。

(2) 最注目の豊橋市のメタン発電

―生ごみの１００％資源化では、豊橋市（40万都市）の生ごみのメタン発酵処理が、注目を浴びています。下水汚泥とマンションの汚泥の処理施設に、家庭で分別収集した生ごみをその汚泥処理装置に投入し、メタンガスとして取り出す方式です。そのメタンガスを巨大タンクに一度蓄えた上で、そのガスを燃焼させて発電し、その電力を毎年数億円売電していますね。

福渡　豊橋市へは確か2度、講演で伺っています。ごみ処理についてとても真剣に取り組まれている自治体との印象を持っています。豊橋市さんの取組みは、私が担当しています月刊廃棄物の「生ごみリサイクル基礎講座」のコーナーにバイオガス化の取組みについて担当者に寄稿していただきました。

―豊橋市が生ごみを分別回収し、それに市民の皆さんが協力することがなければ、組み立てられない処理方式です。これまで福渡さんをはじめ、多くの皆さんが生ごみは燃やさず処理しようと取り組んできた長い取組みがなければ、豊橋での成功はなかったと思います。

福渡　何より豊橋市の首長さんや行政担当者が将来を見据え、住民の立場でごみ問題を考えてこられた結果だと思います。

―日本の省庁の管轄では、下水汚泥処理施設は、国交省、廃棄物の処理は環境省です。生ごみの処理は、環境省が主導的に進めてきたため、ごみの焼却炉での処理がほぼ変わることなく進められてきました。下水処理装置に、下水汚泥などと一緒に投入してメタン発酵させる取組みは、画期的な取組みですね。

福渡　私は、ずっと以前から注目しています。ドイツでは生ごみや下水汚泥のバイオガス化処理は当たり前のことで、残渣を堆肥にして土に還している場合が多いです。残渣を焼却などしていません。福岡県大木町はいち早く生ごみとし尿のバイオガス化に取り組み、その消化液も農業や家庭菜園で使用するシステムを作り上げました。大きなバイオガスプラント〝くるるん〟に隣接する「道の駅おおき」には農産物直売所だけでなく地産地消レストランがあり、いつも多くの町民が集っています。とても素敵なレストランでした。

―ちなみに豊橋の処理装置でも、メタン発酵に際して残渣物が10分の1くらい出ると言われています。その残渣物の処理方法として注目されているのが、HDM方式などによる好気発酵―消滅処理で、久喜・宮代で行われている方式や福渡さんが開発されてきたカラットに通じるものがありそうです。

福渡　HDM方式については詳しく知りません。残渣物は堆肥化して土づくりに生かしてほしいです。カラットは単なる生ごみを保管し、風乾させる容器で、生ごみを消滅させるものではありません。

5　次世代への一言

―ここ数年、SDGsの啓発普及で、若者たちの間にも、ごみ問題に興味を持つ人が増えています。若者にどのような行動を期待しますか。

福渡　従来通りと受け流さず、まず、実践と理論で確かめてほしいです。

―福渡さんの経験上、伝えたいことはありますか。

福渡　官僚の中にも、行政担当者の中にも市民の立場に立って市民と同じように考えている人は多くいますが、立場上、トップが決めた方針に沿って業務をこなさなくてはなりません。そのような人への配慮も必要かなと思います。

―今後のごみ行政への関わり、未来にやってもらいたいことは何でしょうか。

福渡　循環型社会構築のために、ごみを資源とする技術をよく学び、小さな町や村の首長さんになって、ごみを出さない村、街をつくってほしいです。

―駆け抜けるように活動を進められてきた、満足度は？　自分によくやったと褒めてやりますか？

福渡　振り返ってみるとあちこちで反省する点が出てきてよくやったとは褒められません。

―ごみの分野での男性社会の問題点は何でしょう。

福渡　日本はどの分野も男性中心で、「従来通り」をこよなく愛する風潮が強いので、残念ですが変わりようがないように思われます。若くって、よりより社会をつくりたいと願う人たちが、活躍できるようになって欲しいです。

―もう一度生まれ変わって、ごみ問題に取り組みますか？

福渡　生まれ変われるのであれば日本には住みません。ごみ問題に取り組みません（笑）。

日々の生活を論理的・科学的に考え、実践できる環境に住みたいですネ。植物性の生ごみや雑草の堆肥化で、良い土を作り、農薬を使わないで、花や野菜を育てる生活をしたいです。

―ありがとうございました。　（青木）

プロフィール

福渡　和子（山口和子）

兵庫県神戸市に生まれる。

現在、世田谷区在住。

1963年　府立大阪女子大学（現　大阪府立大学）国文学部卒業後、
　　　　三和銀行業務部、ホームコンサルタントや行内誌編集。

1967年　結婚のため退社。専業主婦に。

1989年　世田谷区消費生活課主催のリサイクル講座を受講。終了と同時に「リサイクル型社会をめざすせたがや区民の会」を設立し、成城地域で初めて古紙・古布、ビン、缶のリサイクルをボランティア活動として始める。続いて生ごみ堆肥化方法の普及啓発を始める。

1994年より廃棄物専門雑誌「月刊廃棄物」のリポーターとして、生ごみの資源化に取り組む先進自治体・企業を取材し記事の掲載を行う。

　現在は同誌の「生ごみリサイクル基礎講座」の企画と掲載を受託。「生ごみなど未利用有機物と市町村自治体」、「家庭でできる生ごみリサイクル」、「ふしぎ！生ごみリサイクル」、「生ごみリサイクルガイドブックNo.1、No.2」（分担著）、「生ごみは可燃ごみ？―日本の常識は世界の非常識」後に幻冬舎刊。

1998年「生ごみリサイクル全国ネットワーク」を設立し事務局長として企画運営に当たる。田中真紀子議員を紹介議員として国会に「生ごみの資源化」を求める請願を提出。

1999年「農業環境三法」の成立。

2000年「食品リサイクル法」の成立。農林水産省「21世紀の日本の農業・農村を考えるための呼びかけ人会議」メンバー他「家庭系食品廃棄物リサイクル研究会」など多くの委員会委員を務める。

2021年、創作紙芝居「生ごみは可燃ごみですか」作成。

著作：「生ごみは可燃ごみか」幻冬舎ルネッサンス新書
　　：「家庭でできる生ごみリサイクル」日報
　　：「生ごみなど未利用有機物と市町村自治体（廃棄物処理実務シリーズ実際知識編）」日報

2. 生ごみ資源化の前人未到の実験

加納　好子さん

埼玉県の久喜市と宮代町が構成する久喜・宮代衛生組合の取組みは、ダイオキシン汚染が世情を賑わせる中、大きな注目を集めました。ごみ焼却炉の建設に当たり、周辺の環境影響を心配する住民の声に耳を傾け、住民目線でできることは、どんどんやっていくという柔軟な発想の下、ごみの資源化率を40％近くまで高めました。

住民の声に沿って、行政と住民、そして議員が協同で、次のような具体的対策を進めていったことがその当時の行政の対応としては画期的だったのです。

①焼却炉の排ガス中のダイオキシン濃度を測り、基準の１７０倍もの値が計測されると、それを公表。住民の反対の声が

高まることを覚悟しながら調査し、結果を明らかにした（組合の情報公開への対応は、他にはない対応だった）。
②焼却炉で燃やすごみの見直しに入り、燃やすごみの減量化に取り組んだ。
③プラスチックを焼却ごみから抜き取り、固形燃料化を図る工場を作った。
④生ごみの資源化のための堆肥化プラントを作った。

つまり、ダイオキシンの発生源とされたプラスチックを、燃やすごみから取り除き、かつ、燃やすごみを減らすため、堆肥化プラントまで作ったのです。

排ガスによる汚染を減らすためのこのような対策をとる姿勢が、有害性の調査結果を、住民にオープンにする対応を生み出しました。

現在でも、新しい取り組みを行うことは、行政は前例主義にあり困難なことですが、その取組みを強力に後押しした存在が、加納好子さんでした。

堆肥化プラントは、5億円もかけ、事業者の競争入札を行い、日本有数の巨大焼却炉メーカである日本鋼管（＝現在のＪＦＥ）に決まりました。ＪＦＥはここでの実践を参考にしながら後年、40万人都市、豊橋市で生ごみからメタンガスを取り出し、メタン発電を成功させています。

久喜・宮代衛生組合は、日本工業大学の佐藤茂夫教授を委員長とする市民参加型の堆肥化推進委員会を作り、その部会長の一つを務め、支えたのが加納さんでした。

この堆肥化プラントでは、水分調整と臭気対策に苦労したといいますが、そこでの経験を生かして好気発酵をベースとするＨＤＭ方式や、豊橋市で実施されたＪＦＥのメタン発電システムへと実を結んでいきます。

この堆肥化プラントは、青木らが見学させてもらったとき、堆肥を作る作業員は、いわゆるガスマスクをつけ、万が一に備えていました。見学した私たちの衣服には臭気がついて、帰りのバスの中では人が避けるほどでした。これらのことから、この方式は田舎だから可能だが、都市部では無理だと思われていました。しかし加納さんたちの自信は揺らぎませんでした。

加納さんたちは、久喜・宮代衛生組合での取組みを通して、生ごみの堆肥化を実践するにあたって一番大事なのは、家庭の皆さんが、生ごみを可燃ごみとは分けて、分別して出すこと、それを受けて、自治体が収集する態勢をつくることにあることを示唆しています。豊橋市での成功は、この生ごみを分別する試みを、生かして実現しました。

家庭から出される生ごみの処理は、どの様にすればよいのか。後の時代に答えとヒントを残す真摯な取組みを、加納さんや堆肥化推進委員会の皆さんが作った報告書で紹介します。

1　生ごみ堆肥化プラントの取組み（生ごみ堆肥化推進委員会最終報告）

最初に、久喜・宮代衛生組合が取り組んだ堆肥化がどのようなものだったのか、概要を知るために、同組合の「生ごみ堆肥化推進委員会最終報告書」を見ます。生ごみ堆肥化に関する出前説明会（02年1月〜4月）堆肥化委員会と市民の質疑内容がまとめられています。

―この生ごみの堆肥化は、いつからはじめるのですか。

委員会　この堆肥化施設の竣工は、02年の11月末の予定です。そこで、10月頃から実験的に生ごみを分別して排出していただく予定です。最終的に07年度には、久喜市・宮代町の全家庭を対象にして、生ごみ堆肥化を実施していく計画です。

―どれくらいの世帯数をモデル地区にするのですか。

委員会　今回建設する堆肥化施設は、1日4・8㌧の生ごみを処理して堆肥化する施設で、対象世帯数は約7000世帯になります。

―7000世帯のモデル地区の選定はいつごろ、どのようにして行うのですか。

委員会　このような出前説明会を1月から3月まで50ヶ所以上で行ってきました。これからも希望する地区で開催を続け、堆肥化について説明をした後、各地区からモデル地区に名乗りを上げていただき、4月から6月までには選定していきたいと思います。

―モデル地区に名乗りが上がらないときは。

委員会　衛生組合や堆肥化推進委員会で検討して、各地域に出向いていって、ご協力をお願いしなくてはならないと考えています。

―このモデル地区になって、住民にとってのメリットはあるのですか。できた堆肥を無償でいただけるとか……。

委員会　モデル地区になっていただいた住民の方々には、堆肥を無償で優先的に配布するということも含め、今後検討していきます。

―モデル地区での堆肥化が02年度から開始で、久喜市と宮代町の全家庭の生ごみ堆肥化は5年後の07年度と言われましたが、なぜもっと早くできないのですか。

委員会　全世帯で実施する際には、新たに用地を取得して久喜市と宮代町に分散して設置します。その間、環境影響調査や環境関連のもろもろの手続きもありますので、最終的には07年度となります。それまでの間は、モデル地区で実施します。

―生ごみの排出方法と収集回数はどうなりますか。

委員会　排出する袋は〝生分解性袋〟の袋にする予定です。収集回数は今までどおり週２回ですが、午前中には収集を終わらせる体制を組む予定です。

―その生分解性の袋は有料ですか。

委員会　今回の生ごみ堆肥化実証プラントのためのモデル地区には無料で配付していきます。

―万一、生ごみの中に異物や危険物が入っていた場合は、どうするのですか。

委員会　今までどおり、その袋にシールを貼って置いてくる（収集しない）ということになります。

―鳥の骨や豚の骨などは生ごみとして出して堆肥化に使えるのですか。

委員会　だしを取るような大きな骨では困りますが、小さな骨は大丈夫です。

―三角コーナーで使っている水切りネットはどうしたらいいですか。

委員会　水切りネットの中身の生ごみだけを生分解性の袋で出していただき、ネットは燃やせるごみに出してください。

―現在家庭で、電気式生ごみ処理機やコンポストを使っている人はどうなりますか。

委員会　電気式生ごみ処理機やＥＭ処理容器、コンポスト等はそのまま使っていただきたいと思います。

―できあがった堆肥はどのように使うのですか。成分は大丈夫ですか。

委員会　今回の堆肥化処理施設で作られる堆肥は１年間で約１６０トンになります。この堆肥は、久喜市や宮代町の農家や家庭菜園で使用していただきたいと思います。堆肥の値段や配布方法は今後検討していきます。堆肥の成分は、肥料取締法という法律に基づいて届け出をし、安全かつ良質な堆肥として認可を取った上で利用していただきたいと考えています。

―堆肥化する際に、発酵促進剤や発酵菌は何を使うのですか。

委員会　この施設では、基本的には生ごみだけで堆肥を製造する計画です。発酵促進剤や発酵菌などを使わない、全国的にも画期的な取組みです。

―施設の建設費や維持費はどれくらいの予算を取っているのですか。

委員会　建設費は約５億６、７００万円、年間の維持管理費は約1、700万円です。

―食品には、塩などの調味料や保存料などの食品添加物が含まれていますが、できあがった堆肥に影響はないのでしょうか。

委員会 安全かつ良質な堆肥を作らなくては安心して農地で使えません。したがって春日部農林振興センターや県農林総合研究センターなどにも協力をお願いして調査研究していただき、万全の安全性を確保します。

（青木コメント）

この報告書や見学会の時の説明によると次のことが分かります。

・堆肥化は、全世帯を対象にせず、取り組む地域を最初は限定し、全人口の約3割の7、000世帯から始めたが、（実際は、1万世帯）そのモデル地域で実際に生ごみの分別収集に協力したのは、約50％だった。

・集め方は、週2回の可燃ごみの収集（月と木、もしくは火と金）の時に、ビニールの袋に生ごみを入れて、可燃ごみとは分けて出す。収集は、生ごみと可燃ごみを分けて収集しなければならないが、途中から一台の収集車両で生ごみと可燃ごみの両方の収集口を備えた車両が開発された（写真2）。

・生ごみでも避けなければならないのは、鳥や魚の大きな骨。

・そして、久喜・宮代の最大の特徴は、生ごみだけで堆肥を作ることにし、堆肥の量を増やさないために、水分の調整剤としてのもみ殻や米ぬかを使わないようにした。

・また、発酵に当たっては、生ごみに付着し、大気中にある微生物のみを使い、発酵促進剤などは使っていない。

・また、袋は生分解プラスチックを素材にしたものを利用したが、すぐには分解しないため、堆肥化に当たってその袋が通気性を妨げるこ

写真２　生ごみの袋と可燃ごみの袋を両方回収できる収集車両

とになった。こうした結果、堆肥化にあたって、水分過多に悩まされ、臭気の発生が止められず、苦労をすることになった。

これは、一見堆肥化が失敗したように見えます。しかし見方を変えれば、都市部で堆肥化を進めようとした時に、多かれ少なかれぶつかる課題であり、久喜・宮代衛生組合では、壮大な実験をしたとも言えます。たとえば、生ごみの堆肥化やメタン発電などにこれから取り組もうとする自治体が、検討し、選択しなければならない点が示されています。次に生かせる〝失敗〟です。加納さんは、そのように捉えていたことが、次の報告書からも想定できます。

2 生ごみ処理の足跡(Q&A)

加納 好子

(1) 堆肥化プラント設置

―久喜・宮代衛生組合では、ごみ焼却炉の建設に当たり、生ごみを削減するために、堆肥化プラントを作りました。

加納 久喜・宮代衛生組合(合併前の管内人口―久喜市7万5、000人、宮代町3万4、000人)は、ごみ処理基本計画の3本柱(①可能な限り小さな焼却炉、②厨芥類全量堆肥化、③リサイクルルートの確立)に沿って、03年2月に、堆肥化プラント「大地のめぐみ堆肥化センター」(日量4・8トン処理、メーカー・JFE)を設置し、生ごみ処理をしていました。

―取組みは、10、000所帯という大変大きな規模ですね?

加納 全量堆肥化のモデル事業として、両市町3万5、000世帯のうち約1万世帯が参加しています。いずれ「堆肥化施設」は、分散して数ヶ所に作る計画で、それぞれが農業との連携などで循環型の仕組みを確立するための一歩でした。その後、08年4月に大型プラントの堆肥化は休止し、HDMに代わり、現在良好な運転をしていることをお話ししたいと思います。

―生ごみ堆肥化の取組みは、水分調整や臭気の面で、行き詰まり休止になったという事ですか?

加納 はい。しかし、あくまで地域の住民主導でやってきた「生ごみ処理」は失敗したのでなく、パイオニア的役割を終えたと住民は認識しています。ごみ処理は「住民の目の届くところで」という基本方針は、現在も変わっていません。

―堆肥化プラントは、ＪＦＥシステムと言われていました？

加納　「ＪＦＥ」システムは、12のメーカーのヒアリング、企画書を研究したうえ、「宮代仕様」を遂行できることが条件でした。それは、都市近郊の生ごみ処理であることから、堆肥の使途先が無く、副資材を用いず、堆肥となった製品を増やさないという事でした。ＪＦＥに決定し、発注。５・５億円のプラントでした。

しかし、副資材を用いないという初めての試みは、当初から水分調整に苦戦しました。また臭気対策にも神経を使うということで、スタート後ずっと問題を抱えることになりました。

―加納さんも、その中心におられた？

加納　堆肥生産専門専門委員会（第一次、第二次の４年間）に、私はずっと係わってきましたので、中間報告から当時の悪戦苦闘を垣間見ることができました。

(2) 水分過多との格闘

―通常の堆肥化は、水分の調整のためにもみ殻やぬかなど副資材を使いますが、作った堆肥の受け入れ先を考え、副資材を使わないようにしたことで問題が起きてしまった？

加納　03年１月の冬、発酵槽内の温度が上がらないという状況が一時的に起きました。その後順調に推移し、９月５日に待望の堆肥の製造を見ました。

しかし、11月に入り、発酵槽の温度が徐々に下がり、年明け以降は生ごみの水分が一次発酵槽の底面に敷いたチップ層に浸透せず、脱水できなくなる事態になりました。水分過多のため、発酵温度が上がらず、発酵槽投入部分から8ｍまでの間、パネルパンチンメタルに置き換えるプラントの水切り工事をしました（ＪＦＥ性能保障期間の工事）。

―水分過多になると空気が通らず嫌気腐敗発酵で腐敗臭の問題が？

加納　臭気の問題にも神経を使いました。脱臭装置の不具合によって、03年5月ごろから施設周辺にアンモニア臭が発生し、7月になると住民から苦情が寄せられました。換気装置の密閉工事などもしました。

冬季の温度対策で言うと、台所資源（生ごみ）は、生き物です。順調な発酵には温度管理が必要でしたが、外気温に左右され温度が下がるため、ＪＦＥより現場職員の「寝ずの番」が続きました。

―生ごみの回収に生分解性の袋を使った理由は？

加納　生分解性袋を決定した経過は、当初バケツ回収と袋回収が検討され、バケツ回収を実験した結果、集積場の立地条件、安全性の見地から、バケツ回収は不採用となり袋回収に決定しました。

―その上で、生分解のプラスチック袋ならば、堆肥化の時に分解し、手間がいらないという判断でしたね？

加納　袋が堆肥化施設の中で分解が遅れる現象が起きました。分解が遅れると空気の流れを妨げ、嫌気発酵、臭気の原因となりました。一方で、速く分解が始まると、家庭で生ごみを入れた段階で破れるということもあり、堆肥化に支障をきたすことも。

―結局、生分解の専用袋も一から独自開発し

たのですね。

加納　「堆肥生産専門員会」では、国内製造メーカー6社からのプレゼンを受け、専用袋の開発に取り組みました。袋は台所資源（生ごみ）を集積所まで安心して運ぶという耐久力と信頼が必要であり、その一方で、堆肥化過程では、早く分解する必要がありました。また、生分解性の袋は1枚16円と高価でしたが、モデル地域に無料配布しました。

(3) 堆肥の評価「条件付使用可」

―作られた堆肥の評価はいかがでしたか？

加納　品質評価は、「条件付き使用可」。埼玉県農林総合研究センターでそのような評価を受けました。

03年は堆肥の発酵が不十分で、04年になると発酵がよくなり、2次発酵後80日を経過した堆肥は問題なく使えるという事でした。

・発酵に伴って消費する酸素を測定し、製品堆肥の品質を評価しました。
・堆肥中のカルシウムが多い。これが土のPH（水素イオン濃度）を高くしている。
・センターで施肥実験をやる。年に1回以上。
・大量に入れると阻害要因が発生する。EC（電気伝導度）が高いと根やけを起こしやすい。久喜・宮代堆肥は、使い方を工夫すれば問題を克服できる。野菜、稲作（10アール1トン）であれば連続でも影響ないという事でした。

―堆肥として認定できるレベルにし、希望者の皆さんに堆肥を配られたのですね。

加納　05年3・4月、埼玉県農林センターの了解を得て、モデル地域ならびに申込み者を対象に堆肥の配布を開始。配布世帯1、200世帯、1世帯1キログラムまで。総配付量約7トン以上が、スタートから3年経過したころの「第1次堆肥生産専門委員会」の中間報告です。当初の目的である「生ごみからだけの堆肥」生産は一応の成功を見ましたが、議会では住民の提案に沿った「あるべき姿」(＝生ごみだけで堆肥を作り、水分調整剤などを使って作成堆肥の量を増やさない）とはいえ、生産コストがかかりすぎる「堆肥化プラント」の維持管理費、生分解性袋のコストなどに課題を残しました。

(4) 焼却炉の大改修（延命化工事）

―元々の切っ掛けは、焼却炉の建設計画でしたね。周辺住民の同意を得る為に、ごみの減量策に取り組み始めたのでしたね。着地点が見つからない中でも、ごみの処理は必要です。古い焼却炉の延命化・改修の動きはどのようになっていましたか？

加納　05年、最初の立替計画から13年経っている焼却施設の1号炉、2号炉は簡便な修理を経ながら、有害ガスはかろうじて国基準をクリアしていました。1号炉は75年竣工から30年、2号炉は25年経っていましたが、依然として周辺住民との合意は得られず、環境アセスにも取り掛かれない状態でした。組合は、「大改修」に着手し、今後10年を目安に現在の炉を稼働させて対処することになりました。総事業費は16億円でした。

07年春に、改修後の炉が稼働開始しました。1号炉は建設後35年になり、県で一番古い炉になりましたが、元気に稼働していました。

―新しい処理施設は、生ごみは燃やさず資源利用する。その他、紙ごみの資源化で極力少なくする。その結果、焼却しなければならないものをどこまで少なくできるかが決まらなければ計画の基本は定まりません。しかし一度作ってしまえば、30年から50年もそれを使うことになるため、当座は古い焼却炉の延命化のための改修工事を行うという選択をしたのですね。

加納　07年度新設炉建設着手という「ごみ処理基本計画」から大きく遅れていましたが、そんな中、２種16分別は、確実に資源ごみの純度を上げ、資源化率39％になって全国的にもかなり評価される取組みを続け、これは確実なる歩みであると言えると思います。

―堆肥化によるごみの減量化は、成果を上げていたが、やはりコストに改善の余地があった？

加納　神経をすり減らす温度管理、臭気問題、生分解性袋の問題に加えて、修繕や新たに加わる付設工事の費用などで、トン当たり18万円にもなる堆肥生産コストがかかり、最終報告書をまとめる時期にさしかかっていました。

―コスト的には行き詰まっていたが、皆さんはへこたれていなかった？

加納　最良とはいえないまでも、「堆肥化」は基本方針からはそれておらず、住民との約束「ごみ処理のあるべき姿」を忠実に追ってきましたが、この間、住民と行政は、一度も「対峙」せず、協力体制を堅持してきました。

⑸好気性の「ＨＤＭ」との出会い

―そしてＨＤＭ方式のＮＥＷＳが入る。

加納　「堆肥生産専門委員会」で、２月「最終報告」をまとめる意見交換の席上で、このままでいいとは思わない委員会メンバーの持ってきた新聞記事が話題になりました。記事は、「ＨＤＭ」システムなるものでした。

臭気、生産コスト、温度管理、回収に使用する袋の問題などを一挙に解決できる「ＨＤＭ」は、検討、注目に値する内容でした。しかし、せっぱつまった最終の委員会。このシステムの可能性については「最終報告」に盛り込まないことになりました。単なる提言のまま、合計４年間の委員会は解散しました。

―最終報告には、ＨＤＭ方式は、盛り込むことができなかったが、堆肥化プラントでの問題を解決できる情報が、偶然？届けられた？

加納　それから、ほどなく08年夏、衛生組合議会・全員協議会において、「ＨＤＭ」実験開始について組合執行部から説明がありました。

―今までと違って、行政側が検討提案したのですね。

加納　08年7月、衛生組合議会・全員協議会において、「ＨＤＭ」方式の実験開始について、議員に説明がありました。これまで、焼却炉の候補地として住民提言を着実に実施してきた組合が、これに関しては、行政主導で「実験」の準備を済ませていました。

―その実験の内容をお聞きすると、従来の生ごみ堆肥化とは、全く異なっていますね。従来は、嫌気性菌を使い、発酵させ、生ごみ腐敗を防止し、生ごみは、土の中で分解させるのが、堆肥化です。しかしＨＤＭシステムは、好気性の菌を使い、空気を流し酸化発酵し、生ごみを炭酸ガスと水蒸気に変えてしまいます。その場で、90％以上消し去る方式ですね？

加納　木くずのチップを、生ごみ1㌧当たり、80リューベ（横幅10ｍ×奥行4ｍ×高さ2ｍ）を用意し、菌床（その木くずにＨＤＭ菌を繁殖させたもの）とします。一方で、運んできた生ごみは粉砕して水溶状にします。それをショベルカーですくい上げ、菌床に振りかけて、その菌床に床に配置したパイプから空気を流すのです。実験期間中は1日1㌧、週4㌧処理し、約5ヶ月実験しました。

実験場所は、旧プラスチック固形燃料化施設内を使い、費用は菌床の管理、ショベルカーの運転人員など低コストしかかからず、生ごみは、今までの「大地のめぐみ」センター参加のモデル地区から回収しました。その実験の成功の後、モデル地域全地域が参加し、4トン（4・8トン）の生ごみ投入していきました。

(6) HDM方式導入へ

—久喜・宮代衛生組合の議会では、その後どのような議論が？

加納　議会の全員協議会では、HDM方式導入に反対は出なかったものの「循環型生ごみ処理＝全量堆肥化」ではなく、「生ゴミ消滅型」に基本方針を変換するのかといった質問が出ました。これに対し、組合側は、「96％の減容率であるが、必要とあらば、菌床から取り出したものに「剪定枝葉」を混ぜて堆肥を作ることもできる。モデル地域への堆肥還元に問題ないとの説明がなされ、議会も了承しました。

—本格的な導入に？

加納　実験を経て、組合は、09年4月よりモデル地域全域の台所資源ごみ（生ごみ）を回収、「HDM」方式に移行することを決定。同時にこれまでの堆肥化プラントを休止させました。モデル地域全域で回収される台所資源（生ゴミ）は全量菌床に投入。3月予算議会において事業、予算は可決され、スムーズにスタートしました。

※「久喜・宮代衛生組合」は、他に「剪定枝の堆肥化」、管内4ヶ所の団地における設置型生ごみ処理、電気式生ごみ処理、コンポスト処理などを実施し、衛生組合施設内で操業している「剪定枝の堆肥」化とあわせ、HDMからなる「堆肥化」も実施。これまでどおり、プランター様の堆肥はモデル地域に還元しています。

—「HDM」を採用した理由について、改めて整理していただけますか？

加納　「HDM」方式は、量が増えず、原容、元の容積が変わらない、ということが、都市部の生ごみ処理にあっています。「久喜・宮代」は、「あるべき姿」のなかで、嫌気発酵で作る堆肥化にこだわりすぎていました。生ごみの堆肥化に成功しても、必ず出口、つまり、受け入れる農地があるかという点で詰まります。この堆肥化型の生ごみ処理をやっている先進地、長井市、綾町が取組みを全世帯に拡大できないのは、そういった理由からだと思います（4、800世帯、200世帯など）。

―そのほかの点ではいかがですか？

加納　「HDM」は、消滅型といってもいわゆるバイオテクではありません。菌床管理によって生ごみを大幅に減容化できる方式です。実証の段階で問題が生じていません。作ろうと思えば、菌床～発酵途中の生ごみと他の資材と混ぜて堆肥化も可能です。

また、破袋装置をつけ、袋を破って除去するので、これまでの生分解性袋を使用する必要がなく、このコストが3分の1になりました。また、好気性の発酵を使うため、嫌気性の発酵の場合に、温度管理や空気の流れによって、生じる臭気から解放されました。雨風を防ぐ「建て屋」さえあれば始められます。

(7) 久喜・宮代の胸をはれる失敗を活かしたい

―久喜・宮代衛生組合が、生ごみの処理に、これまでの堆肥化から日本で初めてという好気性の発酵手法のHDMを採用しましたが、移行は問題なかったですか。

加納　HDMへの移行についてもスムーズにいきました。モデル地域の約1万世帯は、これまでどおり、2種16分別にしたがって排出すればいいわけで、特に変わった対応をしたわけではありません。

―ここまでこられて振り返って一言お願いします。

加納　これまで約15年、「いかに燃やすものを減らすか」にこだわってきました。再（細）分別の結果、資源化率は49％。92年に出た計画100トン×2基はとうの昔に変更され、30トン×2基の提案もされています。プラスチックを分別し、生ごみを分別すると残るごみは、資源化できない汚れた紙類だけとなります。生活の中で、厨芥類を別処理することは、習慣からそれほど大変なことではありません。

今後は、無論、3本柱の重要部分「厨芥類を代表とする生ごみの別処理」の確立を目指します。「ごみ処理基本計画」では、「堆肥化」施設の管内分散をはっきりうたっています。「HDM」こそ、分散にむいています。始めようと思った地域から始めればいい。

―他自治体の市民へのメッセージを。

加納　「久喜・宮代」は焼却炉、最終処分地の問題で住民が立ち上がり、かれこれ15年の歩みをしてきました。「地域エゴを止めよう」「ごみ処理のあるべき姿を描こう」といろいろな提言を行政にしてきました。行政と住民は「荒れた検討会」も経験しながら、徹底的に協働してきました。現業職員、事務職員、議会とも一度も「対峙」する姿勢をとらなかったといっていいと思います。行政も真摯にこれに応えました。

隣の町は川べりにドラム缶をずらっと並べ野焼きをしていたのを啓発しながら、久喜も宮代も「はじめて……」を積み重ねました。できることからやろうという試みは、たまに失敗もします。しかし、本来自治体はパイオニアの役割をしなければならない、と思っています。「久喜・宮代」が柔軟なのは、住民がそこを心得ているからかもしれません。他の自治体は「久喜・宮代」の（胸をはれる）失敗を活かして、（うまく）はじめの一歩を進めてください。

「HDM」に行きついた「久喜・宮代」ですが、徹底的にこだわる住民が地域エゴを捨てて「焼却炉の現在地を容認する」「その代わりごみ処理のあるべき姿を一緒にやっていこう」とした試行錯誤を行ってきました。「ハイ、ＨＤＭはじめました。けっこういいですよ」というものではなく、長い住民運動、行政との協働の延長線の先に、日本で初めてというＨＤＭを受け入れることができました。こういう市民運動もあるんだという例を胸に刻んでいただけたらと思います。

写真３　御殿場市に導入されたHDM
チップの山に「生ごみ回収車両」から生ごみを吐き出し、この後攪拌して、空気を流し生ごみを24時間で発酵分解する。(木くずのチップを菌床にしている。菌床の構造は、久喜・宮代衛生組合も同じ構造）久喜・宮代では、生ごみは袋に入れて回収し、施設の中で破袋し、生ごみを粉砕する仕組みであった。

3 ＨＤＭ方式他好気性微生物による生ごみの消滅方式の見学会報告
―酒の発酵技術よりはるかに簡単―

環境ジャーナリスト　青木　泰

10月30日、生ごみ資源化処理の先進地、埼玉県久喜・宮代衛生組合のＨＤＭ方式による生ごみ処理とさいたま市桜区のアースクリーンの生ごみ処理を見学してきました。今後に向けての実踏見学のつもりでしたが、「生ごみ１００％資源化を目指すプロジェクト」の10人の皆さんと「ワイワイガヤガヤ」と楽しく見学交流会を行ってきました（15年11月６日）。

ごみの焼却を資源化に転換させるためには、ごみの中の２大処理困難物である生ごみとプラスチックごみの資源化処理が大切です。先にもご紹介したように東京都・三多摩地区でごみ問題に取り組んできたごみ問題５市連絡会（注１）では、焼却炉建設反対活動やプラスチックを焼却しないようにする活動を繰り広げ、容リ法によるプラスチックのリサイクルを実現した結果、今後の活動の中心としては、生ごみの資源化においてきました。

家庭から排出されるごみの中からプラスチックごみや紙ごみが取り除かれれば、焼却炉で焼却される大半は生ごみとなり、生ごみの資源化ができれば、焼却炉で焼却するものは、ほぼ現状の10分の１になります。ごみ焼却炉をなくす大きな手掛かりが見えてきます。

そこで数年間の準備活動の上に、10年に三多摩地区の多くのごみ問題に関わる市民団体とともに、「生ごみ資源化１００％を目指すプロジェクト」（注２）を結成し、活動を開始したのでした。

(1) 実施されたHDM方式の概要

久喜・宮代衛生組合での生ごみ資源化は、久喜市・宮代町内の自治会の内、生ごみ資源化区域にした合計1万世帯の皆さんの内、約半数の5千世帯が参加協力しています（強制はしていないそうです）。

日量4トン、可燃ごみの収集日（週2回）に、ごみの回収ステーションに可燃ごみと隣り合わせに生ごみの設置場所を設け、行政収集します。生ごみの袋は年間2回、1回50枚程度を自治会を通して協力家庭に無料で配布します。

月の回収量が約60トン、年間で800トンになり、このペースで、すでに丸6年になるそうです。

生ごみの処理方式であるHDM方式は、いたって簡単で、5センチぐらいに裁断した木の枝から作ったチップに、微生物を付着させ、これを菌床とし、約2mの高さに積み上げ、その菌床を積み上げた山の中に、毎日排出される生ごみを投入していきます。（P135写真3参照）

1トンの生ごみに対して、菌床として準備する量は、約60㎥（立法メートル）。投入した生ごみは、その日のうちに発酵分解します。毎日4トンですから、菌床は240㎥必要になります。30m×40m×2mの容積が必要です。

生ごみを1日で発酵分解するためには、あらかじめ生ごみを破砕し、微生物（菌）による分解をし易くしておくことが必要ですが、生ごみは85～90％が水分であるため、ほぼ重量と同量の水分が発生します。その水分を吸い取って、べとべとにならず、発酵分解ができるようにするためには、大量の菌床が必要になります。

そのため、投入する生ごみの処理量が多くなればその量に応じた大きさの施設が必要です。

処理施設といっても、片側が開けっ放しの横長のがらんどうの建屋の左側4分の1ぐらいのスペースに破袋（はたい）と生ごみの粉砕処理を兼ねた装置が設置され、収集車両で運ばれてきた袋に入った生ごみは、一度処理施設の床に下ろされた後、ブルドーザですくい上げられ、粉砕装置まで運ばれます。

残りの4分の3は、菌床が置かれ、発酵分解するエリアです。ここで使っている微生物は、従来の生ごみ処理で使ってきた嫌気性の微生物ではなく、好気性の微生物です。この微生物を働きやすくするため、この発酵分解エリアの床には、空気を送る管（くだ）、13本が平行に埋め込まれ、1分当たり8㎥の空気が吐き出されています。

袋の破袋と生ごみの粉砕時に排出される水分は、菌床にそのままばらまかれます。

240㎥の菌床は、微生物のすみかであり、いわばほぼ毎日生ごみという餌を与えられ、それを微生物が食べ、分解消化するわけです。

その際、炭酸ガスと水蒸気を発生し、生ごみは93％消滅するそうです（ちなみに有機物を分解して発生する炭酸ガスは、いわゆる化石燃料由来の炭酸ガス＝CO_2ではないため、このCO_2には換算しません）。

菌床のチップを手に取って臭いをかいでみましたが、腐葉土に近いにおいがし、処理施設の扉を開けっ放しで作業していても周辺に臭気を流さない理由がわかりました。

年に2回は、菌床の一部を運んで篩（ふるい）にかけ、堆肥の部分とチップの部分に分け、回収した堆肥部分を、生ごみの資源回収に協力している家庭に、無償で提供しているそうです。

HDM方式はこのようにして、久喜・宮代衛生組合では実験期間を含めると実施してからすでに7年になります。最初に取り組んだ生ごみ堆肥化の方式と比較しても、コストは3分の1で、まったく簡単で環境の上でも素晴らしい方式であることが、今回の見学会や加納さんの説明でもわかりました。

(2) 生ごみの分別収集が資源化の大きなカギ

午前10時からの見学会の後、説明会場に戻って担当の内田久則課長と高山職員から質疑に答えていただき、13時から近くの食堂に行って交流会を行いました。

交流会では、久喜・宮代衛生組合のダイオキシン問題や生ごみ堆肥化施策に当初から取り組まれ、現在は久喜・宮代衛生組合議会の議長をされている加納好子宮代町議員さんから、HDM導入に至る経過をお聞きし、参加者からの質問に答えていただきました。

久喜・宮代衛生組合での生ごみ資源化への取組みは、同組合でのダイオキシン問題に起源を有していること。94年当時、ダイオキシン測定を行った同組合では、測定したダイオキシン値が国の基準の170倍もあったことを発表し、全国に先駆けてダイオキシン低減化の努力を始めたことが紹介されました。

家庭から排出されるごみをそのまま焼却していては、焼却場周辺の住民の皆さんに迷惑をかけることになります。そこで、プラスチックごみは分別収集し、清掃工場で燃やさないようにより分け、固形燃料にし、生ごみも堆肥化などによって、燃やすものを極力減らす試みを実践されてきたことが話されました。そして今は使われていない固形燃料施設だった建物が、現在の生ごみ処理施設に利用されています。

久喜・宮代衛生組合では、HDM方式によって生ごみを臭くなく処理していることがわかりましたが、そのことを実現するためには、まず家庭から出される生ごみを、市民の皆さんが分別して回収ステーションに出し、収集可能なようにすることが大前提です。

そこでの市民の協力がないと、久喜・宮代のような生ごみ堆肥化の取組みはできません。

生ごみを行政が回収する際には、市民による協力が不可欠ですが、分別して回収ステーションに出す方法は、例えばこれまでも先進自治体でいくつかの方法が試されてきています。

・野木町では、新聞紙２枚にくるんで出す。２枚にすることで、生ごみの水分を減らすことができ、腐敗防止に寄与する。また新聞紙は堆肥化の過程でなくなる。

・狭山市では、抗酸化バケツに入れて出す。

・久喜・宮代での前の方式は、生分解プラスチックで作った袋に入れて出す

などの方法が試されてきましたが、現状の久喜・宮代町では、こうした各地の事例を比較検討したうえで、新聞紙は破れたり消滅させるのに時間がかかるということがあり、バケツは洗う手間が必要であり、洗った排水の問題も出ることなどを考え、ポリ袋を協力家庭に無償で配るやり方にしたそうです。ポリ袋は、処理施設に運んでから、破袋し、除去するようにしています。

(3) アースクリーンの生ごみ処理

久喜・宮代での交流会を14時半に終了し、アースクリーンの生ごみ処理方式を見学するために、埼京線の中浦和にあるS病院に行きました。この見学会には、８人が参加しました。

S病院では、建設時に導入した生ごみ処理システムを見学し、そのあとアースクリーンの実験施設を見学しました。その間アースクリーンの小川弘社長には、熱心にご説明いただきました。

見事な生ごみ処理と15年の実績

見せていただいた処理施設と装置は、きわめてコンパクトに生ごみを処理していました。ここでの生ごみ処理方式は、以下のようなものです。

①厨房で、生ごみを破砕（ディスポーザで）↓ビルピット槽（駐車場の地下にあるポンプ槽）

への投入。
②ビルピット槽から固液選別槽へ。固液選別では、破砕した生ごみの液状部から固型部分をすくい上げる。
③固体部分の微生物菌（好気性菌）による分解消滅。
④液体部分の膜分離処理と放流。
このシステムは、00年の導入後、すでに15年稼働しています（ほとんどメンテなし）。大変素晴らしい仕組みでした。

ここでのアースクリーンの処理方式の特徴は、生ごみは回収処理するのではなく、厨房で食品を料理した時に、残渣物として出る生ごみを、その場で流し台に設置したディスポーザで粉砕し、そのまま排水管を通してビルピット槽に流し込む点にあります。

下水道が完備しているところでは、そのビルピット層からの汚水を下水に流してもBODが150(㎎／l)位であるため問題がないと小川社長は話しています。この方式をとれば、生ごみの分別収集の手間は省けることになります。

確かに各家庭で使用する下水処理での水量は、1日約1トン、1,000リットルにもなり、それに薄めてしまえば通常のし尿を流す時の濃度と変わりません（注3）。

S病院の建設時にこのアースクリーン処理方式による生ごみ処理システムを設置したために、当時は下水処理の施設整備がなく、ビルピット槽にためた生ごみの内、固形分を好気発酵によって、消滅させる手立てを考えたということです。

生ごみは、ディスポーザで粉砕し、固形分は取り除き、微生物の発酵分解力で消滅させ、汚水は膜分離で真水のような水にして河川放流する。これがアースクリーンの処理方式による生ごみ処理でした。

⑷ 好気性の微生物を使った消滅型処理の新しい動き

そこで、久喜・宮代でのＨＤＭ方式やアースクリーンでの生ごみ処理を見ると、従来の嫌気性の微生物の発酵を活用した堆肥化による資源化処理ではなく、好気性微生物を使った消滅型への取組みを見ることができました。いずれも好気性の微生物による発酵分解力を利用していますが、これらは、酒造りの杜氏による伝統職人技能を駆使するお酒の醸造技術に比べるとはるかにやさしい技術であり、これらを利用して生ごみの処理を進めることは、容易にできることが、今回の見学会に参加してわかりました。

そこで現状で俯瞰から見ると次のような整理ができるのではと考えています。

Ａ）場所が確保できる中都市型は、ＨＤＭ方式（高層化しても比較的広い空間が必要）で生ごみ処理を行う。焼却によるような環境への影響をなくすことができるとともに、建設費やメンテナンス、運転管理を含め費用の面では焼却と比べて5分の1から10分の1の費用で済むことになるでしょう。

Ｂ）大都市部は、アースクリーン方式、（下水処理施設が設置されているところでは、ディスポーザを取り付け、し尿との混合処理を図ることにより解決）環境や費用の面ではＨＤＭ方式と同様。

Ｃ）その上で、現在東村山市の住宅地で実証実験している除湿型乾燥方式を、事業所や団地などの大規模排出源には設置する方式を考え、運送費を軽減する。

これらを組み合わせて、生ごみの１００％資源化（&消滅型）を考えていけばよいのではということがわかりました。

注1：NPOごみ問題5市連絡会は、三多摩地区の埼玉県に隣り合わせた4つの市町村（東久留米市、清瀬市、保谷市、田無市—保谷市と田無市は、現在は西東京市として合併）のごみを焼却する柳泉園組合の焼却炉建設問題をきっかけに結成しました。5市とはこの4市に加え、柳泉園組合の焼却場による影響を受ける東村山市を含む5市です。

93年に新たな焼却炉建設計画が発表されると同時に94年に結成しました。その後6年にわたり反対活動を行い、施設規模を縮小させたり、環境省の内示を取り消させたりしましたが、00年に焼却炉が建設されてしまいました。その後は、プラスチックの焼却をやめさせる闘いに切り替え、その闘いによって、06年から07年にかけて、容器包装リサイクル法によるプラスチックのリサイクルに柳泉園組合構成4市と東村山市の5市で取り組むことになりました。

注2：「生ごみ資源化100％を目指すプロジェクト」は、10年4月10日、西東京市市民会館大会議室で戸田市の吉田義枝副主幹をお招きして「生ごみで花いっぱいの街づくり」と題した講演会を開催し、結成大会としました。

その後

・同年5月29日には、「日本における生ごみ堆肥化の進捗状況」をNPO堆肥化協会の事務局長の会田節子氏にお話しいただきました。

・同年7月17日には「韓国でなぜ生ごみ資源化90％が可能だったのか」を、地方自治総合研究所　鄭智允特別研究員に講演をお願いしました。

・10月30日には「生ごみ堆肥化失敗の中からHDMで再挑戦」を宮代町加納好子町議とフォレスト社の竹内禎社長からお話しいただき、韓国への視察計画を立てていた11年3月11日に東日本大震災がありました。

注3：現行の下水道処理の法律では、マンションなどでの排水は一度浄化槽に投入し、汚泥を除去する処理をした上でないと下水に流してはいけないことになっているそうです。そこでし尿と同じように取り扱ってよいことになれば、ディスポーザ方式での生ごみ処理は新たな展開が可能となります。

4　加納さんから見たＨＤＭ方式見学・交流会（加納さんＨＰ視点より）

15年10月31日（土）

昨日は、久しぶりに久喜・宮代衛生組合の生ごみ処理「ＨＤＭ」を視察研修しました。これまで何度も見学、研修しています。昨日は、東京西部「ごみ問題5市連絡会」の方々との研修です。

今のところ、これが一番

東京23区、その他西部の自治体のごみ処理に長く係わってきた環境ジャーナリスト・青木さんとはもう10年の付き合いになりますか……。

この20年というもの、焼却量（有害ガス発生）を減らし、細分別による資源化を目指してきたのは同じだったと思います。

20年前、久喜・宮代衛生組合が全国に先駆けダイオキシンを測定、公表したころ、東京西部では、柳泉園組合（ごみ処理施設）でも、混合焼却による焼却炉の劣化、老朽化問題、そこから発生する公害問題への取り組みが始まっていたそうです。

台所ごみを焼却ごみから切り離すという手法も浮上するも実践、実証にいたっていません。

昨日いらした視察団の中には、これまで2、3回お会いしている人もいれば、はじめての人もいるといった状況です。

中心になって取りまとめている青木さんは、東日本大震災以後、福島県の指定ごみ（高濃度放射能）の焼却炉問題、爆発事故、用地に係る訴訟問題、全国で焼却することになったがれきごみなどに、活動を集中してきたこともあり、生ごみ処理施設の視察も久しぶりだったようです（この間、震災にまつわる問題は雑誌で発表、あるいは数冊の著書も発行している)。

家庭ごみの未来を模索する彼らが、アレコレ研究している生ごみ処理ですが、シンプルにして取り組みやすいという意味で「今のところ、これが一番」という評価は、久喜・宮代衛生組合が、たくさんの視察を受け入れ続けているのを見てもわかります。

臭いはあるも悪臭ではない

HDM方式は、無臭というわけではありません。しかし、周辺住宅から苦情が出るということもありません。実際、昨日も菌床(生ごみを毎日投入するところ)では、軽い発酵臭はあるものの不快ではありません。

お話を伺い、DVDで概要を見、菌床を視察し、また会議室に戻って質疑、とたっぷり2時間を組合職員にお付き合いいただきました。こういう風に長いことごみ問題、環境問題をやっている人たちの視察は、長いし、少々くどい、もう、3、4回来ているのに、メンバーが多少入れ替わるから時間いっぱい質問を続けるので、さぞ、職員さん、お疲れでしょう。すみません。

この後、近くの蕎麦屋さんで、感想や意見を交換し(これがまた長い。12時過ぎに入って、2時半まで喧々諤々)、タクシーに分乗し、久喜駅へ。午後4時には、最新情報で気になる中浦和の民間施設で始めた生ごみ処理を見るというスケジュール。

500円の資料?

当日、参加者に配られた資料は、加納が5年前に作成した「久喜・宮代の取り組みと歩み」「HDMにたどり着くまでの経緯」でした。

「今日は、加納さんの資料も一緒に見て、やっていきます」と、世話人が言うその資料の裏表紙に〝500円〟と書いてある。びっくりしましたが、これは、つまり当日の参加費という意味です。いろんな段取り、連絡などをする事務局費ということらしい。まさかそんなこと思う人はいないと思いますが、加納作成の資料が500円で売られていた、という情報でも流れたらまずいので、念のためお伝えしました。

約5年前（だったか）の晩秋、西東京市のあるところで、講演した時のけっこう長いものが「ごみ問題5市研究会」のＰＣに残っていたんでしょう。ちなみに、自分で書いたものを、昨日は参加費として、私も買いました。

で、私は、夕方からの中浦和の「最前線生ごみ処理」研修には加わりませんでした。10月26日に、うっかりミスで「国×地方」研究会（国会議員会館）を見逃してしまった私は（今、猛反省中で）自分のやることとの優先度をしっかり決めながら1日を過ごすことを肝に命じていますから、無理、ムラ、むちゃ、の仕事を入れません。

※大変、実用的ですぐれた「ＨＤＭ」生ごみ処理も、実は、〝風前のともしび〟かもしれない、というのは、参加者たちの関心を誘いました。

あたらしく久喜市がつくる焼却炉は、ガス化溶融炉の可能性もある。これは生ごみもプラごみも混合して燃やすもの。目指すべき姿も、今後揺れ動いて来ようというもの。しかも、宮代町は、久喜市に委託して処理する。行政的に「対」の関係性はなくなってしまいます。

5 天国の加納さんへ

青木 泰

久喜・宮代衛生組合は、96年のダイオキシン調査と汚染濃度の発表、そしてプラスチックの固形燃料化、生ごみ堆肥化に取り組み、ごみを資源化し、ごみの減量化を図ることを進めてきました。そしてＨＤＭ方式に行き着きました。しかし久喜市の町村合併などもあり、新たな焼却炉を別の場所に作ることになり、生ごみの分別資源化の取組みも、22年で幕を下ろしてしまうことになっています。

恐らく加納さんがご存命であれば、形が変わったと思いますが、ＨＤＭ方式は、今、御殿場市で受け継がれて運転稼働しています。

また堆肥化プラントの取組みをしたＪＦＥは、豊橋市で分別収集した生ごみを下水処理場に運び、マンション汚泥等と混入してメタンガスを発生採取し、メタン発電を行い、売電収入を年間約3億円得ていると、ＮＨＫでも報道がありました。

生ごみの資源化は、40万都市である豊橋市全世帯が分別に協力し、新方式として注目されていますが、加納さんも天国から自分たちの努力が実りつつあるとご覧になっているかと思います。

プロフィール

加納　好子

1949年（昭和24年）３月４日
埼玉県北埼玉郡豊野村（現、大利根町）に生まれる。

埼玉県立不動岡高等学校卒業
日本女子大学卒業
埼玉コープのエリア委員。

宮代町の歩道のタイルを焼却ゴミから作ろうという話になったときに、「ダイオキシンが出るから」と反対活動。

宮代町議会議員。

2000年、2004年、2008年、2012年、2016年いずれもトップ当選。

2005年、2009年の町長選に立候補。次点。

また久喜・宮代衛生組合の議長や同組合の堆肥化推進委員会の役職。

2016年（平成28年）12月９日　亡くなる。

享年67歳

第3章

生み出された環境調査

1．ごみ焼却による喘息への影響

西岡　政子さん

- 焼却炉の停止によって子どもの喘息が激減した
- 家族の喘息再発と児童の健康調査データ
- 市民の調査データで、焼却炉を削減
- 次世代に向けて

2．ダイオキシン松葉調査

池田こみちさん

- 大気中のダイオキシン濃度を松葉調査で測る
- 松葉のダイオキシン調査から見える諸課題
- 何を測定するのか　――松葉調査の方法と原理
- 調査結果の活用
- ダイオキシン松葉調査とゼロ・ウェイスト運動
- 活用され始めた調査データ

1. ごみ焼却による喘息への影響

西岡　政子さん

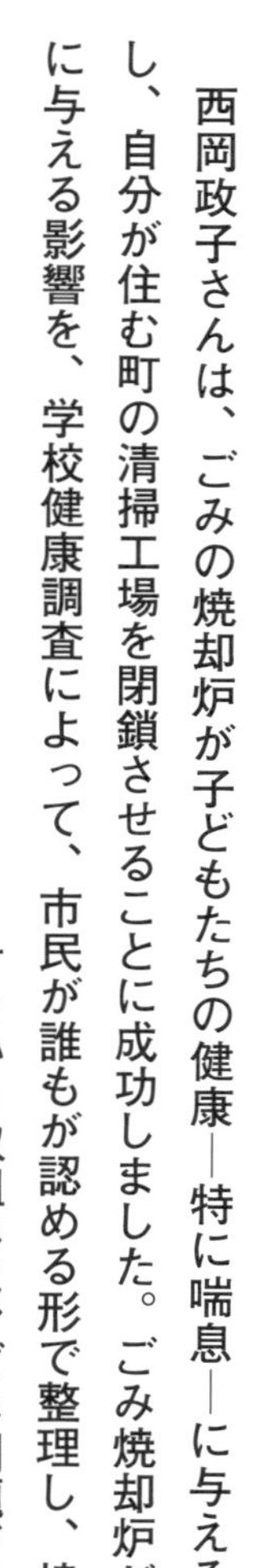

西岡政子さんは、ごみの焼却炉が子どもたちの健康―特に喘息―に与える影響を調査し、自分が住む町の清掃工場を閉鎖させることに成功しました。ごみ焼却炉が環境や健康に与える影響を、学校健康調査によって、市民が誰もが認める形で整理し、焼却場を減らすという取組みは、ごみ問題だけでなく、日本の環境問題の中でも特筆すべきことでした。

当時の横浜市の中田宏市長は、西岡さんらの調査報告を受け、G30（ごみの減量化30%）というごみの減量化策に取り組み、成功させ、清掃工場を7つから4つに減らしたといいます。ごみを減らし、清掃工場を減らし、建設費1、100億円を節約したことについ

て、当時朝日新聞の社説でも取り上げられ、神奈川新聞でも報道されました（05年9月15日）。しかし、その大きな推進力として、子どもの喘息問題があったことは、あまり報じられず、ほとんど世間に知られていません。

　横浜市の栄区に住む西岡さんが見つけた、ごみ焼却炉による喘息への影響の実態、この問題にかかわるきっかけと栄清掃工場の閉鎖以後の経過・状況をインタビューの中で改めて伺います。

1　焼却炉の停止によって子どもの喘息が激減した（Q&A）

西岡　政子

(1) 多発する喘息の原因は、焼却炉が原因か？

―焼却炉が止まると子どもの喘息が半分以下になったというのは衝撃的な内容ですね。
西岡　私もデータをまとめ、結果を見て、驚きました。
―焼却炉を止めたり、子どもの喘息を調査したり、かなり大掛かりな調査を行っていらっしゃいます。市民団体で行う大変さがあったと思いますが。
西岡　調査したデータは、私たちが調査したものではなく、市町村の教育委員会が調査した学校の健康調査のデータです。情報公開し、その

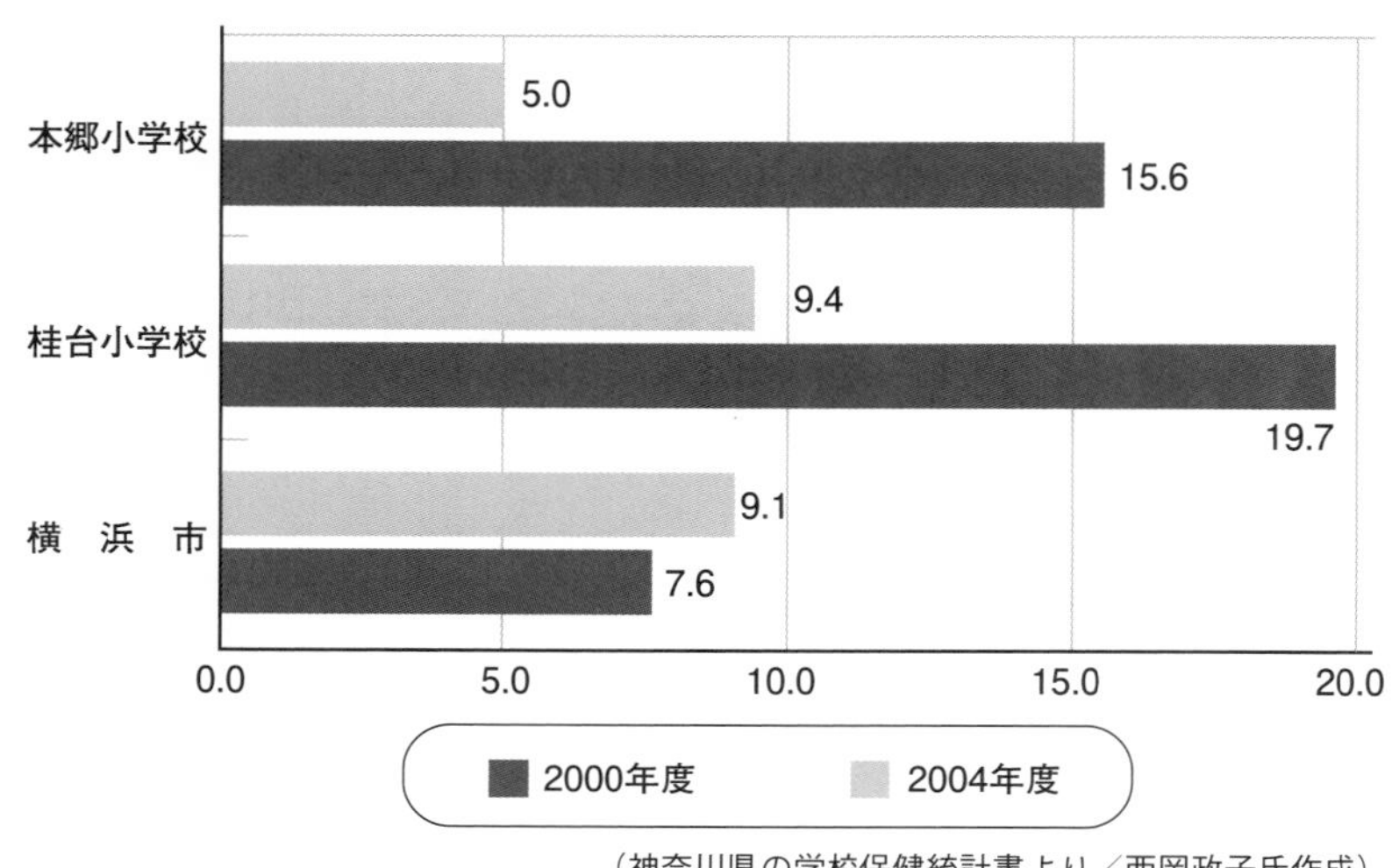

（神奈川県の学校保健統計書より／西岡政子氏作成）

図表１　喘息被患率の焼却炉停止前後の比較
栄・今泉清掃工場の稼働中（2000年）停止後（2004年）

大切な意味を整理したということです。この調査は学校保健法で定められ、一年に一度、小中学校や高等学校、養護学校などで実施されています。健康調査と言われているものであり、身長や体重、視力、結核、アトピー、喘息等の調査を行い、各家庭にも毎年問診表が配布されます。皆さんもご存知ではないかと思います。

―その中の喘息に注目されたということですね。

西岡　当時の小学校の子どもたちの喘息の被患率は栄区は、横浜市の中でワースト1でした（00年）。栄区は、横浜市の南の端にあり、鎌倉市と隣接し湘南の田園調布と言われている環境のよいところとされていたのです。なぜそのような栄区にある小学校の喘息の被患率が、横浜市で一番高かったのか、最初はわかりませんでした。しかし、他の地域で工業地帯を抱え、工場からの煙が吐き出されているところや、幹線道路が通り、渋滞の車の排気ガスで息苦しくなるところがあることは知っていました。

―調べてみたら何がわかりましたか。

西岡 横浜市は相模湾の南側に海が広がり、風向きは海から吹く海風と、逆に陸のほうから吹く陸風が主な風向きになります。風向きと清掃工場の焼却施設の煙突の位置を考えると、煙突から風下方向にある小学校の喘息の被患率が高かったのです。たとえば栄清掃工場の海風の風下方向には、本郷小学校と桂台小学校がありましたが、00年度の調査では、それぞれ15・6%と19・7%もありました。特に男子は、本郷小学校は5人に1人、桂台小学校は4人に1人というひどさでした。

(2) 被患率は、全国平均の6倍以上も

―当時(00年)の全国の小学校の喘息被患率の平均は、2・5%ですから、その6~8倍の被患率ですね。

西岡 栄区の桂台小学校が横浜市でワースト2(ワースト1の南舞岡小学校20・4%とは0・7%の僅差)だったのです。

―焼却炉を止めて調査するというのは、どのようにしたのですか?

西岡 当時栄清掃工場を、横浜市は改修工事のため止めたのです。

―偶然にですか。

西岡 改修工事を行う目的で01年1月に焼却を中止したのです。

―焼却炉の運転が行われなかったら、翌年生徒の喘息被患率が大幅に減ったのですね。

西岡 そうです。私もデータを整理していて本当に驚きました。栄工場の周辺には2つの小学

図表２　ごみ焼却場（栄・港南・今泉）の動向で変わった桂台小学校の喘息被患率順位

（横浜市立小学校数341校）

年度		00	01	02	03	04	05	06	07
桂台小学校順位		２位	４位	５位	163位	182位	85位	150位	168位
桂台小学校被患率（％）		19.7	17.9	17.5	9.40	9.36	12.5	9.8	8.4
横浜市被患率（％）		7.6	8.2	8.7	8.9	9.2	9.6	9.0	8.6
焼却場の動向	栄工場		→１月停止	停止	停止	停止	停止	停止	停止
	今泉工場			→12月休止	修理で休止	修理で休止	→再開	→再開	→再開
	港南工場							→１月停止	停止

校と中学校が1校ありますが、焼却を停止した翌年の喘息被患率が小学校は2校ともゼロに、中学校は3分の1に激減しました。

鎌倉市の今泉クリーンセンター（焼却場）が修理で止まったことがありました。すると1km北側にある桂台小学校の喘息被患率は2分の1に、1・5kmの所にある本郷小学校は3分の1に激減しました。私の家はこの桂台小学校と本郷小学校の中間にあり、栄工場からは少し離れた北西2kmの位置にあります。

焼却場が小児喘息の原因に違いないと確信しました。

〈図表2の説明〉

＊栄工場が本格的に停止し、今泉工場も休止した（02年）の翌年から、被患率は17・5から9・40に半減し、今泉工場の再開で、被患率が増加し、港南工場の停止で、被患率が下がり、清掃工場の稼働状態と喘息被患率は、比例していることが分かります。

栄、港南、今泉の3工場が稼働していた00年（平成12年）度は桂台小学校が市内の354校中でワースト2の19・7%でした(ワースト1との差0・7%)。詳細は、西岡さんらの「栄工場のゴミを考える会」の報告書「主婦たちが勝ち取った子どもの健康」をご覧ください。

—喘息は、転地療法などで直ると言われるように、環境が変わるとすぐ症状に表れます。その典型を見るような結果ですね。

西岡 この結果栄区にある小学校全体の被患率も大幅に減って、ワースト1ではなくなりました(18区中の12位。港南工場が止まった年にはとうとう最も喘息の少ない18位になりました)。

—この結果を見ると小学校の子どもたちの健康調査の結果は、その小学校区域のおかれている環境状態を表すリトマス試験紙のようなものといえますね?

その前に大人たちが手を打っておかなかったという意味では「哀しいリトマス試験紙」ですが。

西岡 毎年行われている健康調査データは、一人ひとりの子どもたちにとっても大切なデータですが、その地域に環境や健康に影響する発生源があるかどうかの貴重な資料ともなります。

(3) 市を動かし、清掃工場は7つから4つに

—この貴重な調査結果を、西岡さんらは市長に報告されたのでしたね。

西岡 当時横浜市は(ビンや缶、ペットボトルなどは資源化していましたが)、プラスチック類などは、燃やすという方針を取り、ごみ問題では、一番遅れた都市の一つでした。しかし中田さんが市長に立候補した当初の公約には(市長も一期目のときには、公約の中に)ごみ問題は入っていなかったように思います。ところが私たちの報告の後、ごみの分別収集を徹底し「燃やし尽くす」ごみ行政を根本的に転換し、環境

対策をすぐに取り組む3つの速攻政策の一つにすると公約に加えました。

—市民から見て大事なことでも無視する首長が多い中で、公約を掲げただけでなく、実行に移されたのですね。

西岡　そうです。

—市長のその公約を実現する施策が、G30（ごみの30％減量策）だったわけですね。10年間で（数年から10年）30％減らす予定が、1年余で減らし、清掃工場を減らした取組みですね。

西岡　それまでの5分別7品目を10分別15品目へ分別収集品目を拡大したことと、容器包装プラスチックを資源化し、燃やさなくなったために一気にごみが減ったのです。そのおかげで、清掃工場を7工場から5工場に、更に現在では4工場になりました。清掃工場を3つ減らしたことになります。格段に環境はよくなりました。

—喘息と自動車の排ガスとの相関性は、裁判所でも認められ、NOガスは、要因の一つといわれています。ごみ焼却場でもプラスチックごみが燃やされれば、酸素不足で不燃ガスなどが発生することが予想されます。ごみ焼却炉が閉鎖されたり、プラスチックが燃やされなくなれば、環境中に汚染物が放出されることは、かなり改善されると思いますが、その後の変化はどうでしょうか？

西岡　一般大気環境の汚染物質と焼却場の動向に伴う変化については調べていません。

—子どもたちの喘息の被患率は、横浜市全体でどのように下がりましたか。

西岡　ごみが激減する前の05年度は9・6％でしたが、09年度は8・4％です。市全体の被患率が1ポイント下がるということは大変なことです。また09年度の桂台小学校の被患率は5・2％に激減しています（00年度は19・7％）。

2 家族の喘息再発と児童の健康調査データ（Q＆A）

(1) 夫の喘息と自身の体調不良が、調査のきっかけだった

―焼却炉と喘息問題の関連を調べるきっかけはなんでしたか。

西岡　ごみ問題は、86年頃から当時の「横浜のゴミを考える会（渡辺光子代表）」に関わっていました。生活クラブ（生協）の中にできた研究団体の一つですが、2年ぐらいして、生活クラブ以外の人たちも入る「横浜・ゴミを考える連絡会」となりました。当時の横浜は、何でも燃やすという方法をとっていたため、ごみの減量策や分別の方法などを提言する（考える）会でした。

―西岡さんは、ごみ問題に関心があり、当時の横浜市の何でも燃やすというやり方を変えようという市民活動を行っていたわけですね。当時はごみ焼却の問題といえば、ダイオキシン問題が問われていました。ごみ焼却と喘息問題に目を向けるきっかけを教えてください。

西岡　横浜の栄区に引っ越してきたのは80年ごろですが、私の連れ合いが栄区に引っ越してきてから喘息を発症しました。彼は交通量の多いことで有名な磯子区八幡橋の近くの生まれなんです。栄区は鎌倉市に隣接し、工場も幹線道路もない住宅地で、環境がいいところに引っ越したのに喘息になりました。

―ご自身は喘息になったのですか。

西岡　私は生来頑健な体の持ち主のはずでした。それが10年くらい前から背中や目の痛み、湿疹、内耳炎、腰痛、不安感などのさまざまな

症状に悩まされました。北里研究所を受診すると化学物質過敏症による自律神経失調症という診断でした。

なぜこのような疾患を私たちが抱えることになったのか？　というのは、いつも頭の中から離れませんでした。

(2) 各自治体で毎年行われる子どもの健康調査に注目

―健康調査に目を向けた理由を教えてください。

西岡　そうしたときに、鎌倉市では教育委員会が毎年行う小中学校の生徒の健康調査データを、学校ごとの健康状態の変化を整理し、地域ごとに分析していました。そのことにヒントを得て、横浜市の健康調査データを情報公開で入手し、小学校354校の過去数年間の喘息について調べることにしました（学校数は、その後統廃合され341校になっています）。

―そこでご自分の住む各小学校の教育委員会が保管していた子どもの健康調査データを調べ始めたわけですね。

西岡　鎌倉市の環境部局は教育委員会の調査データをもとに予防措置について考えようとしていたのだと思います。横浜市でもそのように調査データを子どもたちの各種疾患の予防措置に活用してもらいたいと考えて調査を開始しました。

―調査開始時点でわかったことは、横浜市や栄区が、喘息の被患率が大変高いということだったわけですか。

西岡　栄区の子どもの被患率は例年最上位にランク、つまり被患した子どもが多かったことに愕然としました。

―栄区が横浜市の区の中ではワースト1だったことから、ある程度その原因は焼却施設にあ

るのではと予測したのですか。

西岡 なぜ栄区、なぜ桂台小学校なのかと疑問でした。栄区は道路公害や一般の製造工場の大気汚染とは無縁の街です。それで栄清掃工場以外の原因は考えられませんでした。

—そしていよいよ栄清掃工場の稼動が停止することになりました。そのときには、被患率が減ることを予測していましたか。それとも大幅に被患率が減ってから気が付かれたのですか。

西岡 唯一の汚染源である栄工場が止まれば、喘息の子どもにとっては環境の良い所に転地したのと同じ状況になり、発作は起きないだろうと推測しました。

01年1月、栄清掃工場が改修計画に伴い停止しました。

すると、翌年の02年度は、周辺の野七里小学校と上郷南小学校の喘息の被患率がゼロになりました。354校もある横浜市の中で、喘息の子どもが一人もいない小学校は極めてまれです。2つの小学校の卒業生が通う庄戸中学校（上郷南小学校の隣に立地）の被患率は、11・5％から4・5％に激減しました。

(3) 清掃工場に隣接する学校の生徒に、喘息発症の影響

—焼却炉を停止すると喘息が減ったというのを見つけたのは、日本の公害問題でも画期的なことと思います。これまで、国や地方自治体など行政機関は、専門家会議などを通して、机上で作った基準をベースに、焼却施設は、有害物の排出を基準内に抑えているから安全だとしてきました。実際に焼却場周辺の住民の健康調査や異変を系統だって、疫学的な調査することはなかったのです。その意味で、住民や市民活動の中から健康異変を見つけ、指摘していったことは大変重要なことでしたね。

西岡 栄工場を建て替えるために行政が実施し

た現況調査と環境影響調査を見ると、栄工場の煙突から出た有害物質が降り注ぐのは、野七里小学校、上郷南小学校、そして庄戸中学校の地域でした。また私たちの手で行った広域の土壌調査の結果から、限られた地域が汚染されることを知っていましたので予想はしていました。

——そして予想通りになったわけですね。

西岡　小児喘息の原因がごみの焼却場にあることを追認する機会がやってきました。

鎌倉市は老朽化してダイオキシン類の基準値を満たせなくなった今泉クリーンセンター（鎌倉市所有）を一部改修するため、02年12月で焼却を休止しました。図表3は、周辺小学校（桂台、公田、今泉）の喘息被患率が3つの焼却場（栄、港南、今泉）の動向によってどのように変化したかを示しています。栄工場の北西2㎞にある桂台小学校は、栄工場の停止ではあまり下がりませんでした。しかし学校の南1㎞にある今泉クリーンセンターが休止した03、04年度は半減しています。そして05年度に再開すると再び増加しました。焼却場などの汚染源の近くと風下が汚染濃度が高いことは、以前に実施した鉛による土壌調査の結果からもわかっていました。

——鎌倉市の今泉の清掃工場は、横浜市の栄区の隣接地にありましたね。

西岡　そうです。

——環境のいいところだと思っていた栄区は、清掃工場があったため、子どもたちにとってまったく過酷な環境だったということですね。

西岡　子どもたちだけでなく、私たち大人も影響を受けているはずです。でもそれを確かめる手段がないのです。栄区民を対象にした疾病調査で、町名まで特定できるデータをずいぶん探したのですが見つかりませんでした。

小中学校の健康調査表　一事例

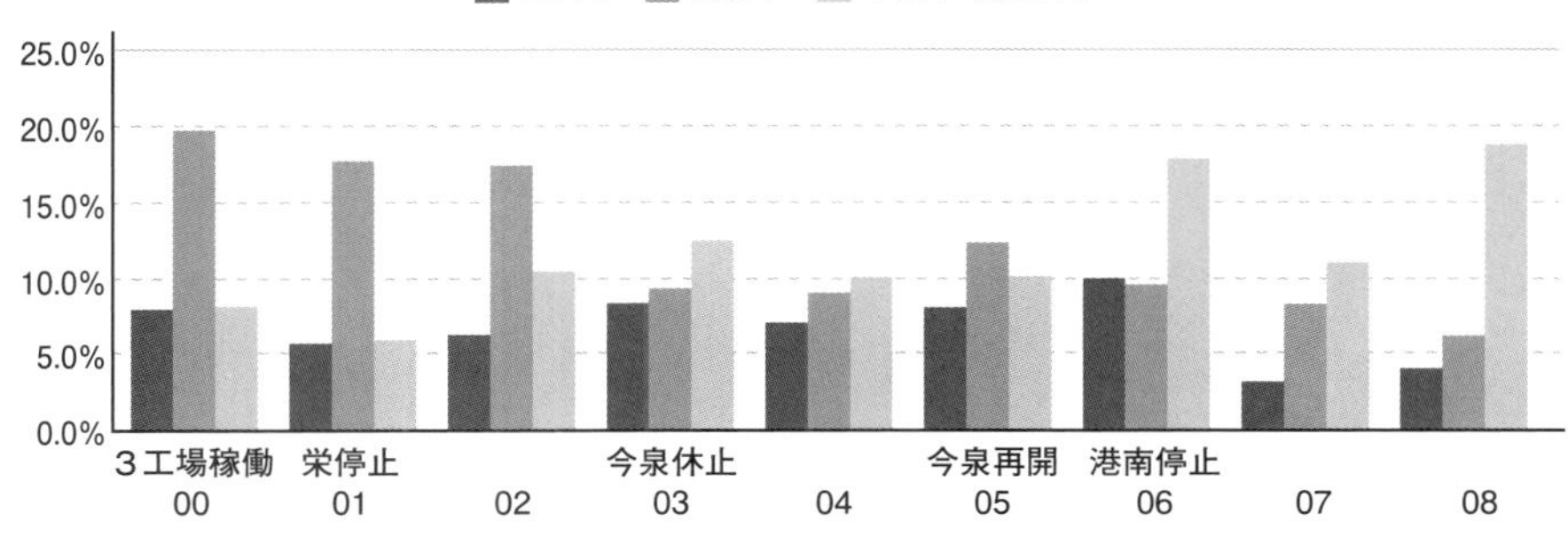

図表3　焼却場の稼働・停止で変動する児童の喘息データの傾向の説明解説

焼却施設停止⇨子供のぜんそく減る

横浜の市民団体 研究発表

横浜市の市民団体「栄工場のゴミを考える会」の西岡政子代表（同市栄区桂台北在住）は三十日、同市内で開かれた集会で、「ごみ焼却施設の稼働停止によって、子供たちのぜんそくの罹患率が低下する」という研究結果を発表した。

西岡代表は栄区を例に、市教育委員会が実施している市立小児童の疾病傾向調査で、二〇〇〇年度に児童のぜんそく罹患率が市内十八区で最高（9・3%）だった同区が、〇六年度には最低の6%に改善した変化に着目。同区周辺にある三カ所の一般廃棄物焼却工場の稼働状況との関連について探った。

西岡代表の分析によると、ぜんそく罹患率がトップだった二〇〇〇年度には、栄区周辺で栄工場（一日当たりの最大焼却能力千五百トン）、港南工場（同九百トン）、鎌倉市今泉クリーンセンター（同百五十トン）がそろって稼働していた。

市内最悪から最善　栄区の変化に着目

しかし、栄工場の停止（〇一年一月）後の〇一年度調査では同区の罹患率が8・6%（横浜市内六位）に低下。ダイオキシン類の削減対策に伴う改修で、今泉クリーンセンターが停止した〇三年度は7・8%（同十六位）とさらに改善した。

横浜市のG30（ごみ減量計画）の取り組みなどが奏功し、一般廃棄物の排出量が減少したことで、〇六年一月には港南工場も停止。ついに〇六年度の調査で、罹患率が全区で最低を記録した。

西岡代表は「栄区は緑が豊かで、大工場や幹線道路も集中していない。焼却施設が排出した大気中の有害物質とぜんそくの罹患率に関係があると推測できる」と指摘。今後、他都市の事例研究を進め、横浜市などに焼却施設の弊害について伝え、改善するよう働き掛けていくという。

（大槻　和久）

子供のぜんそく罹患率とごみ焼却施設の関連を説明する西岡代表

資料1　〈神奈川新聞〉（2007年7月1日）

―7つから5つに減った時に、お住まいの栄区にある栄工場も実質閉鎖になりましたね。その結果、その後も喘息の被患率が下がるような結果が出ていますか。

西岡　前掲のグラフが示しているように栄工場に続いて港南工場が停止した翌年の07年度は、周辺の3つの小学校はそろって被患率が下がりました。もっとも影響が大きかったと思われるのは公田小学校、次いで桂台小学校です。約3㎞離れた今泉小学校にも港南工場の影響が及んでいたことがわかります。

ついでに言いますが、08年度桂台小学校と公田小学校の数値が07年度と比べて大きな違いがないのに対して、今泉小学校の被患率が修理前よりも増えています。今泉クリーンセンターの建設は37年も前で、「だましだまし使っている」と職員が言うほど老朽化が激しいのです。鎌倉市の今泉小学校周辺の一般環境は、桂台小学校以上によい環境ですから原因は焼却場以外にあり得ません。

3　市民の調査データで、焼却炉を削減

(1) 横浜市のその後

―西岡さんは今も健康調査のデータを情報公開請求し、整理し続けているのですよね。喘息以外で何か気が付かれたことはありますか?

西岡　10年くらい前から情報公開を利用して市教委から喘息以外の疾病のデータも入手しています。栄区は喘息の数値が高いだけでなくアレルギー性鼻炎の数値も高いことが気になっています。その後いろいろな人がデータを請求する

ようになったためか、市教委のHPに喘息に限り全小中高校のデータが掲載されるようになりました。また喘息に限らず全ての疾病の電子データがメールで送ってもらえるようになりました。

―この健康調査表の報告データは、どのようにすれば入手できるのですか?

西岡 各市の教育委員会が保管しています。そこに請求すれば入手することができます。私は横浜市だけでなく神奈川県下の市町村のデータを一括して神奈川県の教育委員会から紙ベースで情報提供してもらっていました。ところがこのデータの入手で大変困ったことが起こっています。県教委は78年から実施してきた健康調査の収約業務を、08年度から財政難を理由に中止し、市町村にも通達を出したのです。したがって県教委から一括のデータが入手できませんから、各市町村にデータの提供を要請しなくてはならなくなりました。

―これまで7つもあった清掃工場が4つに減ったというのは、全国でもほとんど聞きませんが、清掃工場の煙突から煙が出なくなった地域にある小学校の喘息の被患率は、その後どのようになりましたか?

西岡 4工場の停止で、住民の健康をむしばんでいた焼却場を停止させる目標は、十二分に達成されました。01年に栄工場、06年に港南工場、10年に保土ケ谷工場と続き、横浜市の3工場の停止に加え、鎌倉市では、15年に今泉クリーンセンターが止まりました。焼却場に囲まれて、5人に一人が喘息で苦しんでいた桂台小学校の順位は341校中の339位、隣の公田小学校は323位です。今までトップクラスに多かった喘息の被患者が、最下位になるまで減りました。データは正確に環境の動向を現わし環境汚染を示していたのです。

来年1月に休止が決まった横浜市資源循環局の港南工場

焼却工場を休・廃止

■港南、栄区の2カ所

減量効果踏まえ横浜市

建て替え費1100億円の節減に

横浜市は十四日、資源循環局の栄工場（栄区上郷町）の廃止と、港南工場（港南区港南台）の二〇〇六年一月末での休止を発表した。同市はごみ減量計画「G30プラン」で〇五年四月から全市域で分別収集品目を拡大。その減量効果を踏まえて廃止・休止を決めた。これによって、市では「二工場の全面建て替えの費用合計千百億円が不要となった」と話している。（谷名　義弘）

同局によると、〇五年四月から八月までのごみ排出量は四十五万六千トンで、〇一年度の同期比で32・4%減少し、〇五年度の目標（〇一年度比27・7%減）を超えている。中長期的にもこの成果を持続できると判断した。

港南工場は稼働後三十二年目で市内で最も古く、老朽化などで処理能力が85%に低下。同工場へ搬入されていたごみの処理は、隣接の金沢、保土ケ谷両工場で対応が可能という。栄工場は〇一年二月に休止。その後、G30プランの推進により、そのまま廃止されることになった。

同局によると、建て替えた場合、栄工場が約七百億円、港南工場が約四百億円かかるため、両工場の廃止・休止により約千百億円が節減できる。

また、分別拡大による年間経費が約二十四億円かかるが、二工場の運営費などが年間約三十億円のため、分別拡大の経費を埋め合わせた上、さらに年間約六億円が節減できるという。

港南工場の休止はごみ量の多い年末年始の処理終了後の来年一月末ごろを予定。休止後は廃止に向けて手続きに移る。跡地は同局のストックヤードとしての利用などが検討されているという。

余熱利用施設については、それぞれ単独のボイラーを設置することにしている。

また、同市はG30プランにより、〇四年度は〇一年度に比べ、二酸化炭素（CO_2）の排出量を三十六万トン（18%）削減したと発表した。さらに〇五年度のごみ削減目標を達成すれば、〇一年度に比べ六十三万トン（30%）削減できるとしている。これは杉の木四千五百万本が一年間に吸収するCO_2の量に相当し、横浜市域の森林面積に匹敵するという。

資料２　〈神奈川新聞１面記事〉（2005年９月15日）

⑵ 新聞やＴＶでこの問題の報道は？

—あまり新聞やＴＶでまだ大きく取り上げていなかったように思います。新聞やＴＶなどへの働きかけはされたのですか。

西岡　ＴＶや大手新聞にアクセスしましたが不調に終わっています。先に紹介したように朝日新聞や神奈川新聞も何度か取り上げてくれています。

—すべての新聞がそうだとは思いませんが、ごみ焼却場の排煙が喘息に影響があるといった形での反響が大きいものは、取り上げないか極端に慎重になるということですね。

西岡　報道するには専門家の疫学調査のような裏づけがない限り難しいようです。

—しかし西岡さんたちが見つけたことは、焼却場の周辺にあった小学校では、喘息が多く、焼却炉を止めたら喘息が少なくなったという事実ですよね。この事実を伝えることをなぜためらうのでしょうね？

西岡　私見ですが、この事実が報道されて自治体が運営する焼却場が健康被害を起こしているとわかれば、各地で住民訴訟が起こるのではないかと思います。

—もっと疫学的に調査をする方向を示すなど報道機関ができることは多いのですが。またこれまで定めた環境基準でよかったのかどうかということを改めて問い直せばよかったのですが。新聞やＴＶで取り上げるのが放置される中、どのようなことをされましたか？

西岡　広く社会に知られる一助になればと考え、高木仁三郎市民基金や環境総合研究所㈱の代表の青山貞一東京都市大学教授が主宰されている環境行政改革フォーラムで発表しました。また、廃棄物資源循環学会に、論文を発表しました。

―そういえば、廃棄物資源循環学会への論文発表もありましたね。これは、ネットで誰もが見ることができます。

4　次世代に向けて

―SDGsの普及によって、若い人たちによる環境問題への関心が高まりつつあります。若い人たちに一言。

西岡　ごみ焼却は周辺住民の健康を損ないます。呼吸する空気が汚れれば発作を起こし、きれいになれば発作が止む（治ったのではない）喘息と違って、罹患してもすぐにはわからない病気が多いのです。どの町にも焼却場があります。注意を忘れないでください。

―環境問題に取り組まれてきたこれまでを振り返って、一言お願いします。

西岡　自身の意思というより何物かに導かれて人生の大切な時期を送ってきました。30年の歳月を経て、地球危機にまで及んでいる現況を前に徒労感を禁じ得ません。

―生まれ変わってきたら、環境問題は、どのような取組みをしたいですか？

西岡　さあ、どうでしょうか。とりあえず、やり残した横浜市の最終処分場のチェックかな。沖縄県辺野古の軟弱地盤埋立工事は横浜市の南本牧処分場が唯一の事例です。大深度のため外周護岸に底抜け部分があり、激烈化する気候変動に耐え続けることができるか心配です。

―最後の最後に、一言。

西岡　86年に「横浜ゴミ連」の設立に参画。96年に新たに「栄工場のゴミを考える会」を約120人の仲間と設立。17年に目的達成で閉会しました。首都圏の魅力的な活動団体や人との関わりは実に楽しいものでした。中田宏横浜市長との出会いには運命を感じます。

プロフィール

西岡　政子

1945年　長野県生まれ。

1992年　ブラジルで開催された地球サミットを機に世界的に環境問題が高まった。大量生産大量廃棄による大気汚染、最終処分場のひっ迫、不法投棄などが大きな社会問題に。横浜市では高秀市政が横浜版デュアルシステム制定へと向かっていた。

1993年12月　環境先進国ドイツとスウェーデンへ２週間の自費視察。「女４人ドイツ・スウェーデン　ゴミツアー」にまとめ報告会。

1995年頃、ごみ焼却によるダイオキシン類の問題がクローズアップされ環境省による全国調査の結果は衝撃的だった。栄区の二級河川いたち川のダイオキシン類の数値がワースト２だった。

1996年「栄工場のゴミを考える会」設立。

2000年　横浜、鎌倉、横須賀など湘南一帯のごみ焼却場周辺100ヶ所の鉛土壌調査を実施。ごみ焼却による大気、土壌汚染を確信。

2002年　改修のため施設能力1500トン（日量）のごみ焼却場栄工場が稼働を休止。風下小学校の２校ともに喘息児童数がゼロになった。

2002年　横浜市長選で中田宏候補を応援した会の行動が栄区の子どもの運命を変えた。中田市政に変わり栄と港南の２焼却場が停止した結果、栄区ばかりか横浜の喘息児童の数が減っていった。

2006年　高木仁三郎市民基金に応募。教育委員会の児童生徒疾病調査のデータをもとに焼却場などの大気汚染を検証した。

2014年　廃棄物資源循環学会研究発表会「都市ごみ焼却炉等から排出されるPM2.5による生徒・児童の喘息発症への影響」

2015年に今泉クリーンセンター停止。５人に一人が喘息で苦しんでいた桂台小学校の順位は341校中の339位へと激減した。栄区内小中学校も同様の経緯をたどった。

ごみ焼却と子どもの喘息との因果関係が証明された瞬間だった。

活動の総括「～焼却場を４つ止めた20年の軌跡～主婦たちが勝ちとった子どもの健康」を出版。

(https://main-omega.ssl-lolipop.jp/hamagomi/Gyoji/20YearsGroupSummary201706.pdf)

横浜市のG30（廃棄物基本計画）の概要論考を月刊廃棄物に寄稿。

2. ダイオキシン松葉調査

池田こみちさん

大気中のダイオキシン濃度は、国が全国６００ヶ所前後の定点において、大気中の一定量の空気をとらえ、測定しています。しかし、年間２～４回程度の単発測定であり、測定頻度が少なく、また気象条件の変化もあって、測定されたデータは、環境汚染をチェックし汚染防止に役立てるなどの有効利用は図られていないように見えます。

特に、大気環境調査によって、環境汚染源を特定したり、汚染の変化をとらえたりすることは、世界的にも難しいと考えられていました。

今回紹介するダイオキシン松葉調査は、摂南大学の宮田秀明教授が提唱し、環境総合研究所の池田こみち顧問が発展させてきたものであり、松という生物指標を利用することで、大気中の汚染を、年間を通して明らかにできる画期的な方法です。大気中のダイオキシンを調査するために、松葉を採取し、その針葉の濃度を測り、大気中の濃度を推定するというものです。松は、全国各地に植えられていることや、松葉が新芽から落ちるまでの過程で、大気中の有害物であるダイオキシンを吸収し松葉に蓄積するという特性を利用したものです。

しかしこの方法には、松葉の採取に人手が掛かり、また大気中濃度と松葉濃度との相関など科学的裏付けや根拠データの科学的検証をしなければならないなどいくつもの高いハードルがありました。池田さんを中心にし、同研究所ではそれらをクリアし、世界でも注目される測定方法に取り組んだのです。その内容を3回に分けたインタビューで紹介します。その1では概要をお聞きし、その2では月刊廃棄物誌に連載した紹介記事の内容をお話しいただきます。その3で、まとめ的にお答えいただいています。

1 大気中のダイオキシン濃度を松葉調査で測る（Q&A）

池田こみち

―松葉調査を始めたきっかけはなんでしたか。

池田　生活クラブ生協から、大気をポリ袋で採取するなどして、大気中のダイオキシンを市民参加で調査をできないかと相談がありました。しかし大気の状態は、刻々変化し風向き一つでデータが大きく違ってくるため、年に数回程度実施しても意味がない。むしろ実施するとしたら摂南大学薬学部の宮田秀明教授の提唱する松葉の調査のほうが良いのではと検討に入りました。

―まったく新しい試みと伺っています。実施するに当たってどのようなことが問題になりましたか。

池田　ダイオキシンの調査費用が、当時は一検体30万円から100万円もかかり、日本国内に信頼のできる調査機関がなかったこと。信頼が置けて、市民活動ということで安く引き受けてくれる調査機関を見つけるために、海外の分析機関とも交渉をしました。

また、松葉調査と言っても、測定目的は大気中の濃度です。松葉の汚染濃度は、松葉の調査をすればわかりますが、松葉の汚染度合いから、大気中の汚染濃度を推測するためには、相関性をあらかじめ調査しておくことが必要になります。当時私が、副所長をしていた環境総合研究所が、米国防衛省の依頼を受け、神奈川県の米軍基地に隣接している産廃処理施設によるダイオキシン汚染の影響調査（汚染の拡散シミュレーション）をしていました。その調査の過程で、国

科学

松葉で見えた ダイオキシン

ダイオキシン類による大気汚染を松葉で調べる市民らの活動が、成果を上げている。調査データをもとに濃度マップをつくったら、「目に見えない汚染」の広がりが見えてきた。環境省も「ダイオキシン問題を市民が身近に考えるきっかけになる」と評価している。

（山本 智之）

汚染の調査に4万人

なぜ松葉なのか。「ダイオキシン類は脂肪に溶けやすい性質がある。松葉は、ほかの樹木の葉に比べて脂肪分が多く、蓄積しやすい」と摂南大の宮田秀明教授（環境科学）は説明する。

大気中のダイオキシン類は、葉の表面にある細かな気孔から取り込まれる。調査に使うのは原則としてクロマツ。公園や庭木を含めれば、ほぼ全国に生えている。

葉の寿命は2年余りと長いので、その地域で続いている汚染の状況をつかめる。

●採取法統一

調査は99年に始まった。「自分たちでダイオキシン汚染を調べる方法はないか」。生協団体のメンバーが環境総合研究所（東京都品川区）に相談したのがきっかけだ。

摂南大は90年代半ばから、松葉のダイオキシン濃度を研究してきた。宮田さんの指導で「松葉ダイオキシン調査実行委員会」は、サンプルの採取方法などを統一した。

一つの地域で20カ所以上の松から葉をとる。1サンプルは松葉500～600本で約100㌘。宅配便で環境総合研究所に集め、カナダの分析会社に空輸する。

ダイオキシン類のうち放出されやすいポリ塩化ジベンゾパラジオキシン（PCDD）とポリ塩化ジベンゾフラン（PCDF）の合計値を測る。

昨年度は茨城から沖縄まで91地域、今年度は宮城から鹿児島までの115地域で調べた。市民団体などに輪が広がり、松葉採りや資金カンパに協力した人は全国で延べ約4万人にのぼるという。

●監視に成功

コンピューターで解析した濃度マップは、汚染のすそ野を浮き彫りにした。首都圏を詳しく調べた99年度分では、東京都八王子市から神奈川県相模原市にかけてや、千葉県の常磐線沿線などで汚染レベルが高かった＝図。

「東京都心から50㌔圏は本来、環境が良好な住宅地のはず。でも実際には産廃焼却施設などが進出しやすく、高濃度の汚染があることが分かりました」と実行委事務局の池田こみちさんは話す。

環境の監視に役立ったケースもある。相模原市の一部で98年度、松葉1㌘当たり約10ピコグラム（ピコは1兆分の1）が検出された。大気中の濃度に換算すると、国の環境基準である大気1立方㍍当たり0・6ピコグラムを超す疑いが浮かんだ。

調査地点の近くでは、二つの産廃焼却施設が稼働していた。調査後、施設は県の指導などで炉を休止したり、高性能フィルターを取り付けたりした。すると、翌年度の松葉のデータは約5ピコグラムと半分に減った。

●今年も計画

この松葉調査についての論文は、韓国で昨秋開かれた国際ダイオキシン会議で報告された。

都道府県や人口の多い市などは大気をじかに採取して分析している。池田さんは「年に数回、大気中の濃度を調べる手法では、その日の風向きや気象などにデータが左右されやすい」という。

実行委は今年も8～11月に全国調査をする。松葉の採取と分析費の負担をしてくれる市民グループなどを募集している。問い合わせは環境総合研究所（03・5759・1690）へ。ホームページはhttp://www.eri.co.jp/

東京湾を中心とした首都圏の松葉から検出されたダイオキシン類の濃度マップ。数値は松葉1㌘あたりの毒性等量＝99年度調査をもとに環境総合研究所が作成

資料3　〈朝日新聞〉松葉で見えたダイオキシン（2002年2月6日 夕刊）

が産廃焼却施設に隣接する米軍基地内で、夏と冬それぞれ2ヶ月、連続してダイオキシンの大気測定を何ヶ所かで行っていることがわかりました。基地内の大気の測定地点の近く、5ヶ所に松があったことから、私たちは同時期に、同じ場所での松葉の調査を行い、大気中のダイオキシンのデータを比較することができました。

松葉と大気中の濃度は、約10対1であることがわかりました。国が測定した大気の連続測定データは米軍経由で入手することができました。

―かなり広範囲にかつ継続的に調査が行われていますね。

池田 これまでの20年以上の調査で、検体数は1、000検体近くにもなります。国際ダイオキシン会議でもデータ数の多さに、これは大学とか国の研究機関が行う活動ですねと言われます。

―焼却施設の排ガス中のダイオキシン測定は、年に一度測定すればよく、その測定時には、焼却するものを選別し、ダイオキシンが出ないようにコントロールしたり薬剤の使用量を増やし測定値を抑えるという話を聞きます。そんなときにこの松葉調査は大気中のダイオキシンなどの汚染状態を知る上で、大変有意義だったと思います。なぜ国の（国立環境研究所）研究機関では取り組まないのでしょうか。

池田 直接政策に係わる研究は行わないという姿勢が根付いているようです。

―政策に係わるというのは、稼働している焼却などを止めなければならないような結果につながるような研究はしないということでしょうか。

池田 そうですね。また、松葉調査を法律で定めるには、膨大な予備的研究が必要となると考えたからでしょう。

—調査対象は、全国に広がって行ったのですか。

池田　当初生活クラブでは、ダイオキシン問題が大きな社会問題になる中で、東京、神奈川、千葉そして札幌で調査を行いました。その後生活クラブと関連の強い九州のグリーンコープが中心となって九州全域を6年間にわたって毎年調査を行いました。そうした動きの中で大阪や京都、兵庫などでも調査が行われ、調査が全国的になったと言えます。

—このような調査データは、広範囲かつ継続的に行うことによって、分かることがあったと思います。具体的にはどのようなことが見えてきましたか。

池田　全体としては、ダイオキシン特措法ができ規制強化されたこともあり、環境がよくなっていることがわかりつつも、何年たっても環境が悪いままのところもあります。汚染が高い地域は、追跡調査すると必ず原因となる廃棄物の焼却施設などが見つかります。

—たとえばどのような事例でしょうか。

池田　仙台市の山間部で、住民の提起した公害調停によって、毎年の松葉調査が義務付けられ、住民が松葉を採取し、事業者が測定費用を持つことが定められました。その結果、ある年突然、環境基準値の4倍に迫る濃度が検出されました。原因を調べてみると重油の値段が上がったため、急遽集めた廃プラ（廃棄プラスチック）を炉の許容量を超えて大量に燃やしていたことがわかり、焼却処理は停止となりました。

—この松葉調査は、松が生えている地域の1年間のダイオキシン濃度を忠実に反映し、指し示しています。国の、大気中の汚染物質の測定の実態と比較してお話しください。

池田　国は、全国584地点（1、635検体）

で大気を採取し測定していますが、なぜその測定ポイントにしたのかという理由が明らかではなく、一年で数回（多くて四季4回、ほとんどは夏冬の2回）の測定では、風の方向などによって発生源からの影響が大きく変化するため、汚染の実態が明らかになりません。

―この松葉調査活動について新しい取組みなどご紹介ください。

池田　この調査を始めた当初、九州の自治体のいくつかでは、学校に調査用の松を植える請願を提出し、2つの自治体で採択され、監視用の松の木を校庭に植えました。小学校はどこの自治体でも子どもが通えることを考えながら配置されます。小学校に松を植えていけば、その松の葉を年に一度採取することで、校区ごとのデータを得ることができ、その自治体全域の大気状況を把握することができます。

―次に池田さんが月刊廃棄物誌に書かれた「松葉のダイオキシン調査から見える諸課題」を紹介します。次のインタビューでその内容を確認していきたいと思います。

2　松葉のダイオキシン調査から見える諸課題（Q＆A）

第1回　市民参加による監視活動の背景（「月刊廃棄物」18年10月号）より

大気中ダイオキシン類濃度（一般局）の現状

図表4は、環境省によるダイオキシン類環境調査結果より07年度の大気中ダイオキシン類濃度の都道府県別平均値を高濃度順に並べ、そこ

にほぼ同時期のイギリス国内の3地域（①工業地域：マンチェスター（2地点）、②大都市地域：ロンドン（10地点）、③農村地域：ハイマッフル（1地点）の年平均値を並べて示したものです。

(1) 沖縄の大気は、ロンドンよりも悪い

―最初の図表4では、日本の各地の大気中のダイオキシン濃度とイギリスの3都市、工業都市マンチェスター、大都市ロンドン、農村地域ハイマッフルの大気が比較されていますね

池田　都道府県別の平均濃度のデータがなかったため、この年初めて私たちの研究所で作成してみました。地域の特性ごとの違いに興味がありましたので。大都市県、工業県、農業県など。

―このようにイギリスと比較をした意図を教えてください。

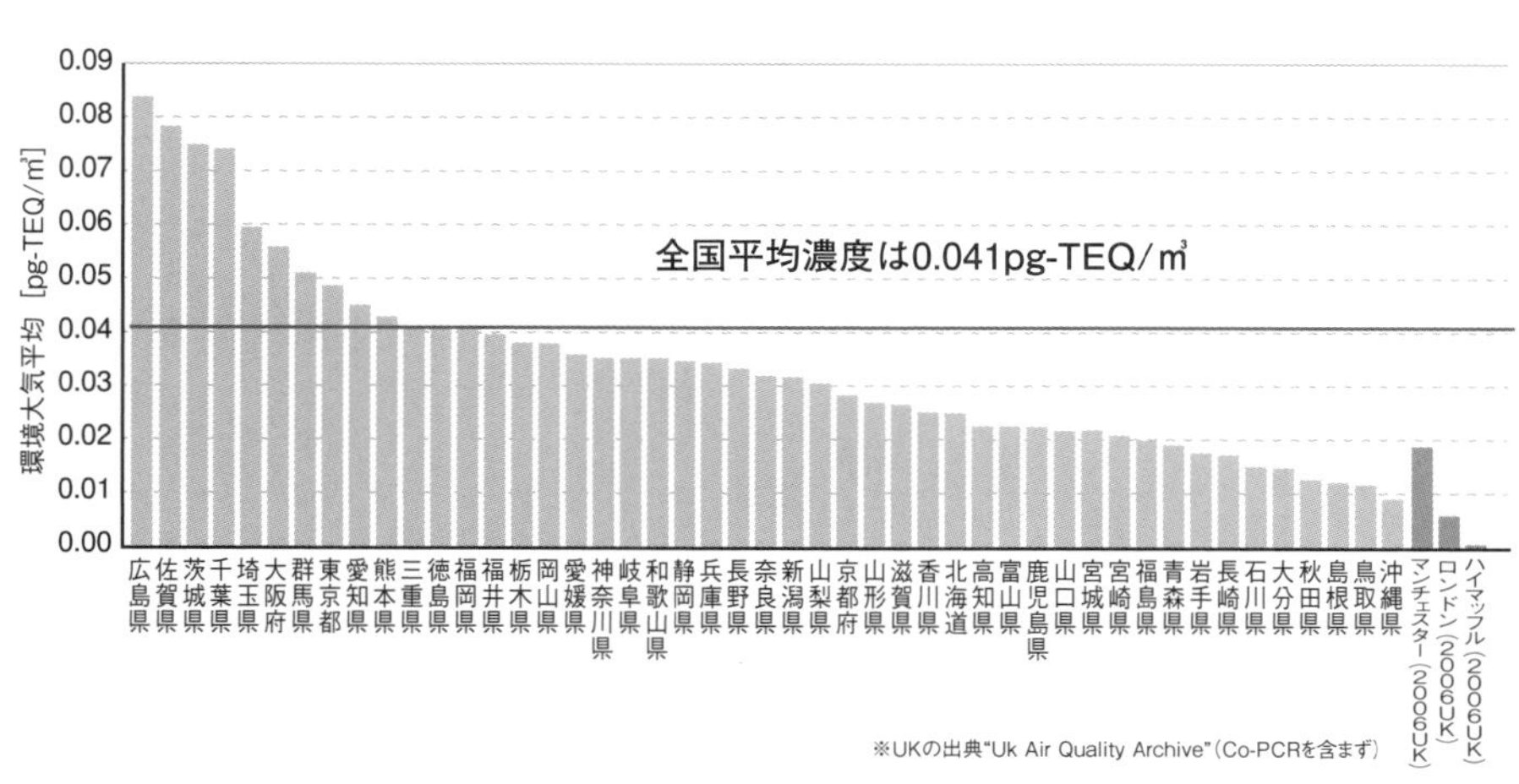

図表4　2007年度都道府県別大気中ダイオキシン類濃度の状況

出典：2007年度ダイオキシン類に係る環境調査結果 環境省、2008年12月より環境総合研究所（ERI）作成

池田　ヨーロッパの各都市は、人口密集地域に焼却炉が設置されているのは日本と類似し、その代表例としてイギリスの３都市を比較しました。

―この図からわかることはなんでしょうか。

池田　沖縄県は一番低く、０・０１ピコ（０・０１pg-ＴＥＱ／㎥）であったが日本の平均は、その４倍。最悪の広島県は、８倍。大都市ロンドンの濃度は、沖縄より低く、つまり日本国内のどの地域より低かったのです。工業都市マンチェスターは、０・０２ピコ（０・０２pg-ＴＥＱ／㎥）で、青森県と同レベルということが判明しました。

―沖縄の環境で、ダイオキシンによる大気汚染がロンドンよりひどいというのは、ある意味で衝撃的ですね。

日本全体でも大気環境、ダイオキシン汚染という面では、イギリスに比べて恐ろしいほど悪いということがこの図からはわかりますが、その理由を教えてください。

池田　ダイオキシン汚染の発生源であるごみの焼却施設が、今もなお、日本に世界の過半近くの数が存在し、その数およそ1、１００ヶ所ということが起因してると考えられます。また、規制の緩い小規模な発生源が適切に監視されていないこともあると思います。

(2) 清掃工場の排ガスの方が、大気濃度より〝きれい〟

―図表5は、清掃工場の焼却炉の煙突から吐き出される排ガス中のダイオキシン濃度と焼却工場周辺の大気中のダイオキシン濃度を比較したグラフで、池田さんが以前から発表なさっていたダイオキシンの主要な発生源である焼却炉の煙突から出る排ガスよりも、周辺大気の汚染が高いという奇妙な事実を図式化したものです

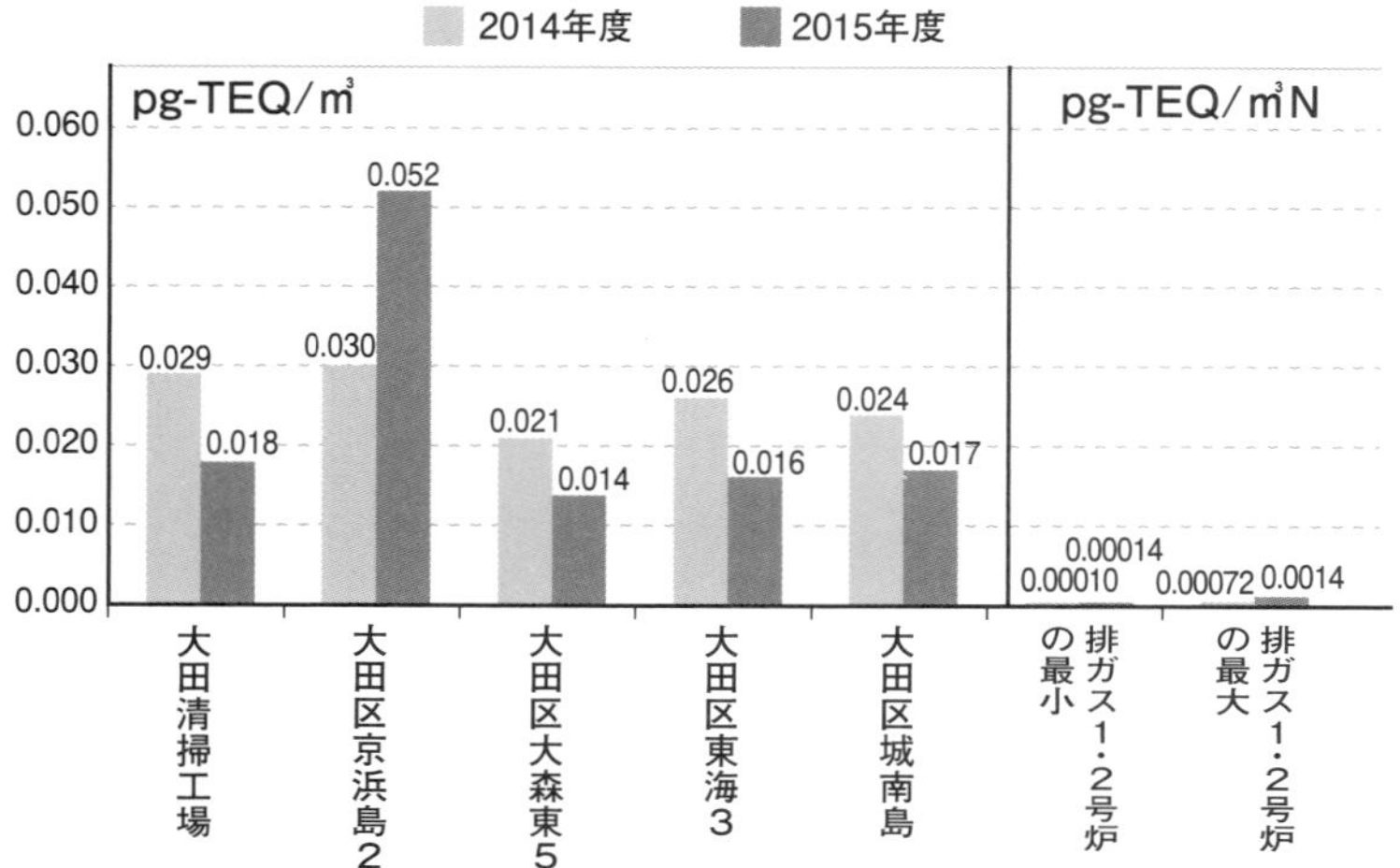

図表5　清掃工場の排ガスのダイオキシン濃度と周辺大気のダイオキシン類濃度（大田清掃工場の例）
出典：東京二十三区清掃一部事務組合が公表しているデータよりERI作成
（排ガス中のダイオキシン類濃度は、ノルマル㎥であり、0℃1気圧での濃度であることに注意する必要がある。）

ね。

池田　この図の排ガス1、2号炉というのは、大田清掃工場の焼却炉の煙突から出される排ガス中のダイオキシン濃度を測定したもので、「大田清掃工場」「大田区京浜島2」「大田区大森東5」「大田区東海3」「大田区城南島」の5ヶ所は、それぞれ清掃工場の周辺の大気中の濃度を測定をしたものです。いずれも東京23区清掃一部事務組合による測定です。

—排ガス濃度は最小と最高がそれぞれ単位当たり、0・0001ピコから0・0014ピコと極めて薄い濃度であり、これに対して、大気中の濃度は、0・014ピコから0・052ピコと約15倍から約500倍もの高濃度です。濃度の値が逆転しています。

池田　大気測定した値が正しいとしたら、発生源である煙突から排気される排ガス中のダイオキシン濃度は、それよりもっと高くなければならないはずです。他にダイオキシンの発生源があるなら、それについて、調査説明する必要があります。

―煙突から排気されたダイオキシンは、空気中に吐き出されて拡散され、汚染濃度が低くなりますね。これでは、空気中を拡散する間に濃度が高くなるというあり得ない数値になっていますね。説明していただけますか。

池田　清掃工場の焼却炉は、年に1度以上、排ガス中のダイオキシンを測定し公表する必要がありますが、それでは、実態が反映された測定になっていないということです。繰り返しになりますが、小規模の焼却炉については、規制値が緩いため、監視が十分行き届いていないということもあると思います。

―測定は資格を持った事業者が測っているとしても、測定時には、ダイオキシン発生の要因となるプラごみをできるだけ燃やさないようにしたり、ひどい場合には、ごみを投入せず、空焚きした事例も所沢市でありましたね。

池田　そのような事例は他でも聞いたことがあります。

―国や自治体行政が測定し、発表しているデータを使って、池田さんが作成して比較したのが、図表5ですね。有害ガスが、煙突から出て大気中に拡散すれば、濃度が逆に濃くなる。これでは、大気環境がどのようになっているか想定することが全くできませんね。

池田　00年1月15日に施行されたダイオキシン特措法の下で進められてきた我が国のダイオキシン類対策ですが、発生源の規制のあり方、環境監視のあり方、測定のあり方などに課題が多く、膨大な税金を投じて行われている行政の環境測定結果からは焼却大国である日本のダイオキシン汚染の実態が把握できていないのが現状です。

―大気環境は、命をつなぐ大切なものです。だからこそ、その実態を調べるために、松葉調査を考えられたということなのですね。

池田　この20年間で、焼却されるごみの組成は大きく変化し、プラスチック類の混入率が上昇してきました。たとえば、東京23区では、08年にプラスチック廃棄物を埋め立てから焼却処理に変更したことにより、可燃ごみに含まれるプラスチックごみの割合は次第に増加し、それまでは、平均で5～6％だったものが、16年度には18％まで上昇、工場によっては既に20％を超えているところもあります。

―プラスチック焼却は、塩ビ系など製品の成分などからダイオキシンの発生に直結していると思います。

池田　この面からも、実態を調査する必要性が高まっていました。

振りかえって、一般廃棄物焼却炉の施設数はこの20年で720施設あまり減少したものの、依然として1,120施設あり、これに産業廃棄物処理施設の中間処理施設のうち、焼却処理を行う施設（16年4月1日現在）、18,726施設を加えると、2万弱もの廃棄物焼却施設が稼働していることが分かっています。

3 何を測定するのか ―松葉調査の方法と原理（Q&A）

第2回 市民調査を支える科学的裏付け（「月刊廃棄物」18年11月号）より

―第2回の報告「市民調査を支える科学的裏付け」は大変興味深いものでした。

池田 生物指標として、なぜ松葉に注目したかという点については、4点あげています。

①クロマツは針葉樹であり、日本全国、北は北海道札幌市から南は鹿児島まで各地に生育しており、地域間の比較が行いやすいこと。また、見分けが付きやすいこと。

②クロマツは常緑樹であり、平均2年程度で針葉が入れ替わり、一年を通じた長期平均濃度を把握する上で適していること。

③クロマツの針葉には脂肪組織があり、炭酸同化作用のため気孔から外気を取り込み、ダイオキシン類をはじめとする有害化学物質を脂肪組織に蓄積・放出すること。

④摂南大学宮田研究室において、新芽から2週間ごとにダイオキシン類蓄積過程を調査した結果、ほぼ半年後には針葉中の濃度が安定化し地域の大気中の濃度に応じてゆるやかに変化することが明らかになったこと。

―①番は、全国的な調査をして比較するためには、生育地が全国にわたっていることが必要ということ。②番の平均2年で入れ替わるという着眼点も素晴らしいですね。採取した松葉は、少なくとも2年未満の大気環境を映し出しているということですね。

池田 はい。

―③番目は、松葉の針葉の脂肪細胞に、ダイ

オキシン他の有害化学物質が蓄積されるとなっていますが、蓄積されたうえで、時間経過とともに比例的に増加するような特性だと、生育後いつ採取したかが問題となり、データの解析が複雑化しますね。その意味で、④番目の蓄積した後、ほぼ半年で増加が止まり、その濃度に応じて緩やかに変化するという点は、今回の調査にもってこいの特性と考えたのですね。

池田　はい。その他、単独の松の木から針葉を採取するのではなく、調査対象地域内の多くの地点から集めた針葉をブレンドして試料とする方法を採用して地域の環境を調査するようにしました。

—松葉の汚染濃度の調査をしたうえで、それが大気濃度とどのように関連するかがわからなければ、松葉を大気汚染を測る指標として使うことができません。「インタビュー1」で話されたのですが、偶然、環境総合研究所が米軍基地・住宅への周辺産廃焼却施設による影響調査を米軍から受託していて、その調査結果と結びつけたことが、この実験の有効性を証明することにつながったのですね。

池田　実際に測定分析を行い、解析した結果、クロマツ対大気のダイオキシン濃度はおよそ10対1であることがわかりました。地域平均のクロマツのダイオキシン濃度がわかれば、その地域の大気中の長期平均濃度がわかる、ということを意味していました。

—このほか、諸外国で既に行われていた針葉樹の葉を生物指標としていた事例も参考にされたのですか。

池田　はい、その上で、最終的にカナダの民間分析機関（当時Maxxam社、現在はBureau Veritas社）に依頼することとしました。国内ラボとは異なり、行政との独立性があること、ラボとして第三者性が確保されていることを重視しました。

―こうして、松葉調査のために様々な準備を事前にされ、実施したわけですね。次に月刊廃棄物誌　19年1月号に掲載された記事の抜粋を紹介します。

4　調査結果の活用

第3回　二十年間の成果と今後（「月刊廃棄物」19年1月号）より

全国各地の実績からそこで紹介されているエポックメイキングな事例を抜粋紹介いたします。

(1) 北海道室蘭市：西胆振地域廃棄物広域処理施設「メルトタワー21」をターゲットとした03年～07年の調査

室蘭市・登別市・伊達市・豊浦町・壮瞥町・洞爺湖町の3市3町が構成する西いぶり広域連合では、三井造船のガス化溶融炉の建設にあたり、ダイオキシン類など有害物質の問題はほとんどないとの触れ込みだった。

しかし、立地場所室蘭市石川町は、伊達市との市境の窪地であり、高さ１００ｍの煙突から吐き出される排ガスは、石川町から東に１～２㎞離れた高台の室蘭市白鳥台の住宅地を直撃することとなった。そこで、白鳥台の市民を中心に、市民グループを結成し、03年から07年まで継続的な調査が行われた。

03年度の最初の調査では、風上地域の伊達市南黄金町に対し、風下地域（白鳥台地域：標高70～１００ｍ）の松葉中ダイオキシン類濃度が十一倍も高濃度であることが明らかとなった。このケースでは、迷惑施設として焼却施設を市境に立地した場合、周辺の地形や風向、土地利用などを考慮しないと稼働後に大きな影響が生じること、排ガス濃度は規制値内、大気中濃度も基準値内であっても、焼却炉の風下に住む人々は、常にその影響を受け続けなければならないという不公平を数値で明らかにした調査だったと言える。

(2) 仙台市内の産業廃棄物焼却施設を廃炉に導いた01年度・05～10年度の調査

この調査には、仙台の弁護士グループや歴史・文化サークル、廃棄物問題に取り組む市民グループなど、多様な市民が相互に呼びかけ合ってカンパを募り、仙台市内のダイオキシン類濃度の実態を把握することとなった。

調査の結果、清掃工場が立地していない太白区西部や青葉区西部の濃度は低く、一方、清掃工場が立地している区については、工場周辺がいずれも各区の広域平均濃度より高いことが明らかとなった。中でも、泉区北西部の七北田川の谷間に立地する産廃焼却施設「M興業」の周辺は極めて高く、この松葉調査の結果を受けて、周辺住民による仙台地裁への提訴・調停へと進むこととなった。最終的には、M興業は焼却処理を中止することとなる。

(3) 東京23区南生活クラブ生協による廃プラ焼却前後の監視活動（06年度～18年度）

東京23区では、73年から30年以上も、プラスチックごみは分別し、「燃えないごみ」（埋め立てごみ）として処理してきたが、東京湾中央防波堤沖最終処分場の延命化のため方針転換し、08年度から可燃ごみとして処理することになった。23区内には21清掃工場（40炉）が過密な住宅地内で稼働していることもあり、この方針転換を受け、区民の間には廃プラ焼却に伴う排ガスの影響を心配する声が上がった。そこで、23区南生活クラブ生協では、いち早く廃プラ焼却開始前の調査を立ち上げ、焼却後の監視を行うことした。

事前調査を06年度に実施し、その後、廃プラ混合焼却開始後の監視を09年度、12年度、15年度と三年ごとに実施し、18年度にも四回目の調査を行っている。

この間の調査の中で、特に、事後調査2回目となる12年度調査において、ダイオキシン類と重金属類の中で水銀が著しく悪化した。

清掃一部事務組合が公表している各清掃工場の排ガス中ダイオキシン類濃度は極めて低く維持されているにもかかわらず、大気環境中のダイオキシン類濃度が上昇し、水銀の濃度が上昇することは、都区内に生活する都民にとっては、大きな問題である。

都民が自ら調査を行い、見えない化学物質汚染の実態を明らかにする活動は食品の安全を重視する生協活動にとっても大きな意味を持っていた。いくら食品の安全を追求しても、日々呼吸する空気が汚染されていては健康で快適な生活が営めないのは自明である。

(4) ごみ焼却処理が日本のごみ処理の中心

24年(大正13年)に第一号の焼却工場が建設されてからまもなく一世紀、戦後本格的に衛生面を重視して生ごみを含めごみは焼却処理が最適とされて以降、今日まで、焼却処理は東京ばかりでなく、日本のごみ処理の中心に位置づけられてきた。

焼却しているごみの中身を改めてみてみると、23区の場合、17年度の可燃ごみの内訳は紙類43%、生ごみ22%、プラスチック類19%、木草類8%、繊維類6%、その他(ゴム・家電製品・金属・硝子・石・陶器類)2%となっている。

生ごみを800℃以上で燃やすことの無駄、分別すれば再生可能な紙資源を大量に燃やしている現状、燃料代わりに廃プラスチックを混合焼却することのリスクをどうすれば減らせるのか、そのためのルールづくり仕組みづくりこそ都民参加で検討していく必要があるだろう。そのために区民ができることはまだまだある。
松葉によるダイオキシン類調査は、区民一人ひとりが松葉を採取し、清掃工場からの見えない汚染を見える化し、焼却炉が集中立地する都内の大気について、ごみの排出者でもある区民が考えるきっかけを与えてきた。こうした活動が日本の過度な焼却依存の廃棄物政策を転換させるきっかけとなることを期待している。

5　ダイオキシン松葉調査とゼロ・ウェイスト運動（Q&A）

(1) 小さな島国に世界の過半の焼却施設

―「月刊廃棄物」18年10月号では、史上最毒のダイオキシンの中心的な発生源と言われている清掃工場ですが、日本には、世界中の清掃工場の半分以上があるとされており、その排ガスによる大気環境がどのように問題かと論じています。

池田　日本の廃棄物政策は地域の特性を無視して全国一律に高額な焼却炉や溶融炉を導入するという方針で進められていますので、一度そうした技術に依存するとずっと焼却炉に依存したままのごみ処理となっていきます。

―焼却炉で廃プラを燃やせば、ダイオキシンなどが発生することは国も認めてきましたが、日本の場合、燃やしてダイオキシンが出ても、バグフィルターなどで除去すれば安全だと、燃やすことにOKを出してきました。こうしたことが、焼却炉が増設された背景にあるのですが、

EUでは、焼却一辺倒にならなかったのですか。

池田　EUなどでは、堆肥化や焼却炉以外の代替技術により全国一律に焼却炉や溶融炉を導入することは行われていません。原発を止めることにより代替エネルギーの技術や導入が進むのと同じで、焼却炉依存をやめることによって、地域の特性にあったより環境に優しいごみ処理技術が発展すると思います。コストの負担も小さくなるはずです。

(2) 行政が公表しているデータの矛盾

―東京23区清掃一部事務組合が、公表しているデータのおかしさも、月刊廃棄物誌では、抑えめに書かれていますが、驚きですね。

池田　日本ではダイオキシン類の規制が始まってから次第に数値が低くなり安定してきているので、大気測定については、測定地点も減らし、測定回数も減らしています。しかし、実際には高くなっているところもあると思います。排ガス中の有害物質の濃度は、何を燃やしているかによっても違いますし、いつどのような条件で測定するかによっても大きく違います。天候によっても左右されますから、年に数回測定しても汚染の実態はわかりません。また、ダイオキシンさえ低ければ安心というものでもありません。

―池田さんが指摘される国や地方自治体が進めている大気中のダイオキシン測定値への疑問に加え、各清掃工場の煙突から出る排ガスの値が、不正確になっているということですね。

池田　日本ではダイオキシン類対策特別措置法が99年7月に議員立法で制定されてから一度も見直しされておらず、測定方法や規制も緩いままとなっています。立法府でしっかり議論してほしいですね。

—清掃工場の煙突内の測定値が、軒並み周辺の大気中での測定値よりも低い。実際に考えられるのは、清掃工場の煙突からは、もっと高い値のダイオキシン濃度の排ガスが排出されているのではという疑問です。

池田　もちろん、科学的にはごみ焼却炉以外のダイオキシン発生源があることも想定する必要があります。実際には、他所ではいろいろな発生源から排出された有害物質が混ざり合い、地形やさまざまな環境条件に影響を受けて、地域によっては高濃度となっているところもあります。

(3) 環境に配慮した消費者活動と連携

—11月号の掲載内容に、生物指標として松葉を取り上げたのは、摂南大学の宮田教授の研究蓄積があったということが書かれていました。

池田　そうですね。大学院の学生の修士論文で、松葉がダイオキシン類を吸収蓄積する過程について研究しているものがあり、大変参考になりました。松葉の採取の仕方、分析サンプルとしての取り扱い方などを統一する上で貴重な論文でした。

—報告されているように、日本各地の比較を行う時には、各地での松の生息が条件となりますね。

池田　松は日本全国に生育していますが、地域によって種類が異なっています。沖縄は琉球アカマツ、寒冷地にはエゾマツやトドマツなど。

また、市街地にはクロマツが多く、山間地にはアカマツが多いといった傾向があります。そのため、クロマツでの分析を基本としましたが、アカマツしかないような山間地であれば、アカマツを採取し、あらかじめクロマツとの蓄積の違いについて分析しておき、大気中の濃度を推定するようにしました。

—松葉を採取したものを池田さんの在籍している環境総合研究所に送り、さらにそれをカナダの研究機関に送り、ダイオキシンデータを測定する一連の流れとそれぞれの段階で気を付けた点などをお聞かせください。

池田　市民による調査ですから第三者の科学的分析による裏付けが必要でした。

・市民は採取地点を明確に記録し、周辺地域のその他の排出源などもメモしておく。

・私たちの研究所では、松葉の計量や種類の見極めなどを行い、カナダの分析機関に慎重に空輸しました。

・カナダの分析機関では、分析方法も摂南大学の宮田教授の方法を踏襲して分析をするという流れです。

一番大切なのは、測定が第三者的な分析機関で行われ、一切の予断や行政的、政治的な関与がないということです。そのため、コストのこともありましたが、あえて、カナダの信頼できる分析機関にすべての松の分析を依頼してきました。

—松葉などの生物指標の場合、採取に人手がかかり、その一方で、何を目標にするのかという点で、松葉にターゲットを絞ったことが、素晴らしい判断だったと思いますが、生協会員の参加型の研究調査でしたね。

池田　環境に配慮した消費者行動の一環として、松葉の採取を組合員活動として実施できたことは大変大きな意味がありました。何故松葉を採取するのか、その結果の意味は何なのか、別の地域と比較してどうなのか、などこの調査の活動を通じてさまざまなことを学習することができるからです。

(4) 生物指標を活用したダイオキシン調査にEUでも注目

—世界のダイオキシン会議での発表に対して、

その面での評価や他に続くところなどはありましたか。

池田　01年に韓国の慶州で開催されたダイオキシン会議で発表したのが最初ですが、世界中の多くの参加者から高い評価を得ました。既にヨーロッパのいくつかの国では色々な針葉樹の葉を生物指標としたダイオキシン類調査は制度化されていました。ただ、市民参加での測定はその当時は全く行われていませんでした。大学の研究者や行政による測定が中心でした。

―先日お聞きしたのですが、ＥＵでも、松葉調査を実施する動きがあるということですが？

池田　最近になってゼロ・ウェイスト・ヨーロッパの運動が世界で広がり、ゼロ・ウェイスト・ヨーロッパというＮＧＯがToxico Watch財団という環境中の有害物質を監視する機関（環境総合研究所と同じような立場）と一緒に、ＥＵ諸国内の焼却炉をターゲットに植物による有害物質調査を始めています。マツなどの針葉樹だけでなく、苔や広葉樹、平飼いのニワトリの卵なども活用されているようです。私たちと同じように、分析は専門機関に委託して行われています。

6　活用され始めた調査データ（Q&A）

(1) データが行政や司法を動かす

―19年1月号では、いよいよこのデータを使って裁判所や行政へ要望し、活用した事例が報告されています。北海道の室蘭市や伊達市などの広域処理施設の事例は、風下と風上では、10倍

以上も汚染濃度が違ったと記載されています。

池田　環境基準や規制基準が定められると、それと比べていいか悪いかといった絶対評価をしがちですが、環境基準を下回っているから安全とか上回っているから危険などという評価は適当ではありません。低くても長年、その地域で生活していると、人間は呼吸せずには生きていられませんから、体内に汚染物質が蓄積していきます。絶対評価ではなく、焼却炉の周辺と焼却炉がない地域を経年で比較するといった相対評価が重要です。

―焼却炉が周辺にあるところと、ないところとの差を見ることが大切なのですね。

池田　つまり、影響を受けていると思われる地域だけ測定するのではなく、常に、対照地域についても分析を行い比較するように努めてきました。そうすることで、仮に基準値を下回っていたとしても、その地域がどの程度対照地域と比べて数値が高いかが定量的に把握できて、行政に対しても大きなインパクトを与えることができるのです。

―仙台市の場合、産廃焼却施設の事例ですが、国の環境基準の4倍が検出され、その後の焼却施設の建設を中止させたとあります。

池田　そうです。仙台市では大規模な市民参加により、市内の一般廃棄物焼却炉周辺の調査を行いましたが、焼却炉がないはずの山間部で最も高濃度が出たことで産廃焼却炉の影響が明らかになり、裁判所に調停を求める運動に発展しました。

排ガス濃度は毎年事業者が測定し、基準を上回ることはありませんでしたが、ある年、その周辺で市民が採取した松葉のダイオキシン類濃度が極めて高濃度となったことで、裁判所からの指示により、その産廃業者は焼却処理を止めざるを得なくなったのです。排ガス濃度は業者が自ら管理しているので、測定日に合わせて濃度をコントロール出来ますが、山に生えている松までは手を加えることは出来ません。松葉は、正直に大気中の汚染を反映したのです。

―東京23区の事例では、プラスチックの焼却に変更された前後のダイオキシンや水銀の汚染もチェックされたそうですね。

池田　23区ではそれまで、廃プラは埋め立てごみだったのですが、埋め立て処分場のひっ迫を理由に可燃ごみに変更され、焼却処理することになりました。排ガス中の有害物質がより複雑、危険になることを想定し、生活クラブ（23区南）では廃プラ焼却前後での継続調査を行ってきました。

―その時には、これまでごみを分別していた大田区や豊島区、渋谷区、足立区など23区の半分の区が、可燃ごみにプラスチックごみを入れて、焼却することになり、その影響が心配されました。興味深い調査です。

池田　その結果、可燃ごみに含まれるプラスチック類の割合が5％前後であったものが、次第に増加し、それに伴いダイオキシン濃度に影響を及ぼす可能性が示唆されました。また、同時に、大気中の水銀濃度も上昇していることが判明し大きなショックを受けました。

廃プラ焼却を始めた直後、23区内の複数の焼却炉で水銀によるトラブルが多発し、工場の停止措置が取られました。対策費も数億円に上るなど大きな問題となりました。東京23区清掃一部事務組合ではその原因について明確に言及していませんが、廃プラ焼却開始後に多発したことで、関係は明白と考えられます。

―プラスチックを燃やすことに、国や地方自治体があまりに無頓着、無神経ですね。

池田　そうですね。行政が、何のために焼却を進めるかといえば、最終処分場（埋め立て地）が全国でひっ迫し、新たな処分場の建設が困難となっているためなのです。そのため、直接埋め立てを極力廃止し、何でも焼却・溶融処理をして埋め立てるものを減らし、溶融スラグを再利用するという方向を突き進んでいます。

一方で、そうすることにより、埋め立てるものはほとんどが焼却残渣（焼却灰や飛灰、溶融スラグなど）となり、それらに含まれる有害物質も無視できなくなります。また、焼却炉や溶融炉の建設コスト、維持管理コストも次第に高額となり、自治体の負担が大きく財政を圧迫することになるのです。

(2) 大気汚染の実態を知り、市民参加の廃棄物政策づくりに生かす

―ごみを燃やさず処理する方法が実践に移されている中、逆行する行政の方向は困ったものです。最後にまとめをお願いします。

池田　焼却炉に対する規制、排ガスに対する監視や基準値は旧態依然としたまま、燃やすものだけが高度に複雑化しているのが現状ですから、埋め立て処分場に捨てていたものを、大気に捨てているのと同じです。こうした状況を変えていくためには、市民が自分たちが捨てているごみについてもっと関心をもち、いかに焼却するものを減らすか、ごみの減量化、資源化、再利用などについて見直すことが不可欠です。単に３Ｒ（Reduce・Reuse・Recycle）と念仏のように言っていてもダメなのです。

―焼却した時、環境中に排出される有害物を減らすためには、市民が自らごみの減量化に気をつけることが必要ということですね。

池田　焼却しなくて済むような物作り、製造物責任制度の徹底、減量化、再利用、修理など、そのためのソフトな政策を充実させていくことが必要です。市民の声が廃棄物政策の立案に生

かされるような仕組み作りが不可欠です。現状では、行政が自分たちの都合のよいように廃棄物の処理計画を策定し、意味のない減量化目標などを決めて焼却炉に依存した政策を続けているのです。日本ほど廃棄物政策に市民が関与しない国はないのではと思います。

――私たち人間が生きて行くうえで、必要不可欠な空気も、知らず知らずのうちに汚染されていること。松葉のダイオキシン調査が、その実態を知るうえで、貴重な手段であることがわかりました。

環境問題に限らず、何かを変えていくためには、まず実態を知ることが必要であり、そのことが私たちにとって良い環境を手に入れる早道であること、またそれは積極的な市民の取組みによって、実現できることがわかりました。

それでは、最後に2点質問します。

①ＳＤＧｓによって、若い人たちの環境問題への関心が高まりつつあります。若い人たちに一言お願いします。

②環境問題に取り組まれてきたこれまでを振返って、まとめてください。

池田　まず①についてですが、環境総合研究所の創業者の青山もよく、ミッション（使命感）、パッション（熱意）、アクション（行動）という一連の言葉を紹介します。ＳＤＧｓを単なるファッションにとどめず、地球環境の保全という使命感の上に、調査や自分ができる活動や他の人への呼びかけなどを積極的に行っていくことが大切です。

②については、市民参加による政策づくりが大切です。日本の場合は、焼却炉が、自分の家のそばに建てられるということがわかって、活動を始めるという例が多いですが、日ごろから自分たちが生活の中で出したごみが、どのように処理されているのか、焼却炉とはどんなものなのか、それ以外の方法はないのかなど、市民

が考えそれが生かされる仕組みが必要です。

行政に言われるまま焼却炉に依存している限り、資源化は進みません。少しでも焼却炉を減らしたいですね。

—ありがとうございます。（青木）

プロフィール

池田こみち

1972年　聖心女子大学卒業

その後、東京大学理学部・東京大学医科学研究所で教授秘書、研究助手の仕事を経て、社団法人化学技術と経済の会（ローマクラブ日本事務局）で青山貞一氏の研究助手を務める。

1986年　㈱環境総合研究所（ERI）を青山貞一氏と設立。常務取締役副所長を経て2012年4月から顧問として現在に至る。

1999年～市民参加による全国松葉ダイオキシン調査実行委員会事務局長を務める。

2001年～国際ダイオキシン会議に松葉調査の研究成果を発表。

2002年～EU諸国におけるダイオキシンの排ガス連続測定について現地調査、日本への導入について活動を開始。

2003年～カナダ・ノバスコシア州におけるゼロ・ウェイスト政策に着目し、現地訪問、調査研究を行い日本における脱焼却・脱埋め立ての実現に向けた活動を開始

2011年～震災後は、震災瓦礫の広域処理についての課題と代替案を提言。

2012年～沖縄の米軍基地返還跡地における枯葉剤問題に専門家として地元を支援。

その他、福島大学、関東学院大学などで非常勤講師を務め、早稲田大学、東京工業大学、東京都市大学、東洋大学など多くの大学で環境問題を講義するとともに、生協の組合員活動の支援や農協の環境学習など、全国各地で講演活動を行っている。

また、NPO活動としては、環境総合研究所を拠点に、1993年に青山氏とともに、環境行政改革フォーラムを創設し、副代表、事務局として環境問題に関心を抱く専門家が国民・市民、納税者の立場に立って行政・官僚を監視しその改革を推進し闘ってきた。

著書その他については以下をご覧下さい。

【池田こみちプロフィール】

http://eritokyo.jp/ikedakomichi.htm

第４章

未来に向けて
夢あるリサイクル

１．廃食器のリサイクル

江尻　京子さん

・こわれた食器を再生リサイクル
・「陶磁器製食器のリサイクルの意義
　―江尻京子　NPO法人東京・多摩リサイクル市民連邦―」
・食器リサイクルの到達点
・「みんなでつくるリサイクル」江尻京子レポート
・ゴミニスト、江尻さんに聞く

２．生ごみで花一杯の街づくり

吉田　義枝さん

・生ごみで花の苗を交換する
・わき立つ吉田義枝講演会、その報告
・こんな自治体職員が欲しい、吉田義枝方式
・吉田さんの本音＝出過ぎた杭は打たれない

1. 廃食器のリサイクル

江尻　京子さん

家庭から出るごみは、燃えるごみ、不燃ごみ、資源ごみというように大まかに分けられます。これまでは、不燃ごみとして分別されてきた廃棄陶磁器（ここでは陶磁器製食器の意味。以下廃食器）をリサイクルするという取組みが、中部地方の陶産地である多治見市や瀬戸市で始まり、それぞれ、「Ｒｅ食器（りしょっき）」、「Ｒｅ瀬ッ戸（りせっと）」などとして販売され、全国的な動きに広がりました。

不燃ごみがリサイクルできれば、処分場のひっ迫に対応できますが、廃食器のリサイクルには、全国の市町村で回収する仕組みと再生する事業者の仕組み、それに加えて販売する仕組みが必要になります。05年、そうした課題を抱えながら食器リサイクル全国ネットワーク（以下「食器リサイクル（全国）」）が作られ、代表になったのが特定非営利活動法人東京・多摩リサイクル市民連邦の事務局長の江尻京子さんです。

江尻さんへのインタビューと江尻さん自身の各種メディアなどへの報告（「陶磁器製食器のリサイクルの意義」（「ＴＡＭＡとことん討論会15周年記念誌」など）、そして再度私のインタビューを通して廃食器のリサイクルをご紹介します。

1　こわれた食器を再生リサイクル（Ｑ＆Ａ）

江尻　京子

―江尻さんといえば、とことん討論会で有名なＮＰＯの「東京・多摩リサイクル市民連邦」の事務局長として、そして多摩ニュータウン環境組合リサイクルセンター長として皆さんに知られています。

江尻　活動を始めて30年以上が経ちました。その間の中心的な活動はリサイクル市民連邦であり、ＴＡＭＡとことん討論会でした。

―江尻さんが廃食器のリサイクルに取り組み始めたのは、当時東京・多摩リサイクル市民連邦の会員の紹介で、瀬戸に行かれたことがきっかけだったとセラミックス誌掲載の報告で知りました。瀬戸の窯業事業者の技術顧問を私が

行っていた当時のことですね。その後、岐阜県の長谷川善一さんをセラミックス研究所に訪ねられて、陶産地の廃陶磁器再生の技術を知り、廃食器を回収する仕組みづくりに取り組まれた。素晴らしいフットワークですね。

江尻　当時雑誌の連載をしていてその取材もかねて瀬戸に行き、翌朝帰る予定だったのですが、急遽予定を変更して多治見に行きました。夕方には東京に戻らなくてはならなかったので時間がない中でしたが、セラミックス研究所を訪問することができたことで一歩前進することができました。まずは現場に行く、自分の目で確かめるという考え方なのでそれを行動に移したまでのことです。

—贈答品で使わなくなったり、家族構成が変わり不要になった廃食器を、他の誰かに使ってもらうというのはわかりますが、壊れたり、欠けた廃食器をリサイクルする、つまり再生利用することとは、当時の瀬戸万博でも発表される新技術でしたね。

江尻　そのまま使うのをリユースと言い、壊れたものを原料として新たに再生するのをリサイクルと言いますが、両方とも重要なことだと思います。

—陶磁器製の食器は、長石などの骨材に、可塑性を持つ粘土を加え、お茶碗やお皿などに成形した上で焼成し、その際釉薬（ゆうやく）を使い、絵付けなどして製品にします。廃食器のリサイクルは、図表1で見るように、廃棄物として出された食器をもう一度粉々に砕き、再度陶磁器などを作る際に用いられる骨材として資源利用します。その際、混入するとまずいものがあったのですね。

江尻　陶器や磁器以外の食器、たとえばガラスや木製、金属などはだめです。また、ボーンチャイナや直火にかける土鍋ものなども原料が異なるのでだめです。最近ではボーンチャイナのリサイクルを始めたメーカーがあるようです。

―ここで大事なことは、食器リサイクルになった時には、単に埋め立て処分場に運ばれる廃棄物からRe食器などの再生食器を作る「資源」として活用されるということですね。

江尻 資源として、利用できるようにするためには、再生するために邪魔になったり、害を与える混入物が混じると困ります。ごみではなく資源であるということです。

―それでは、江尻さんご自身のレポートを紹介し、その後にインタビューの続きを掲載します。

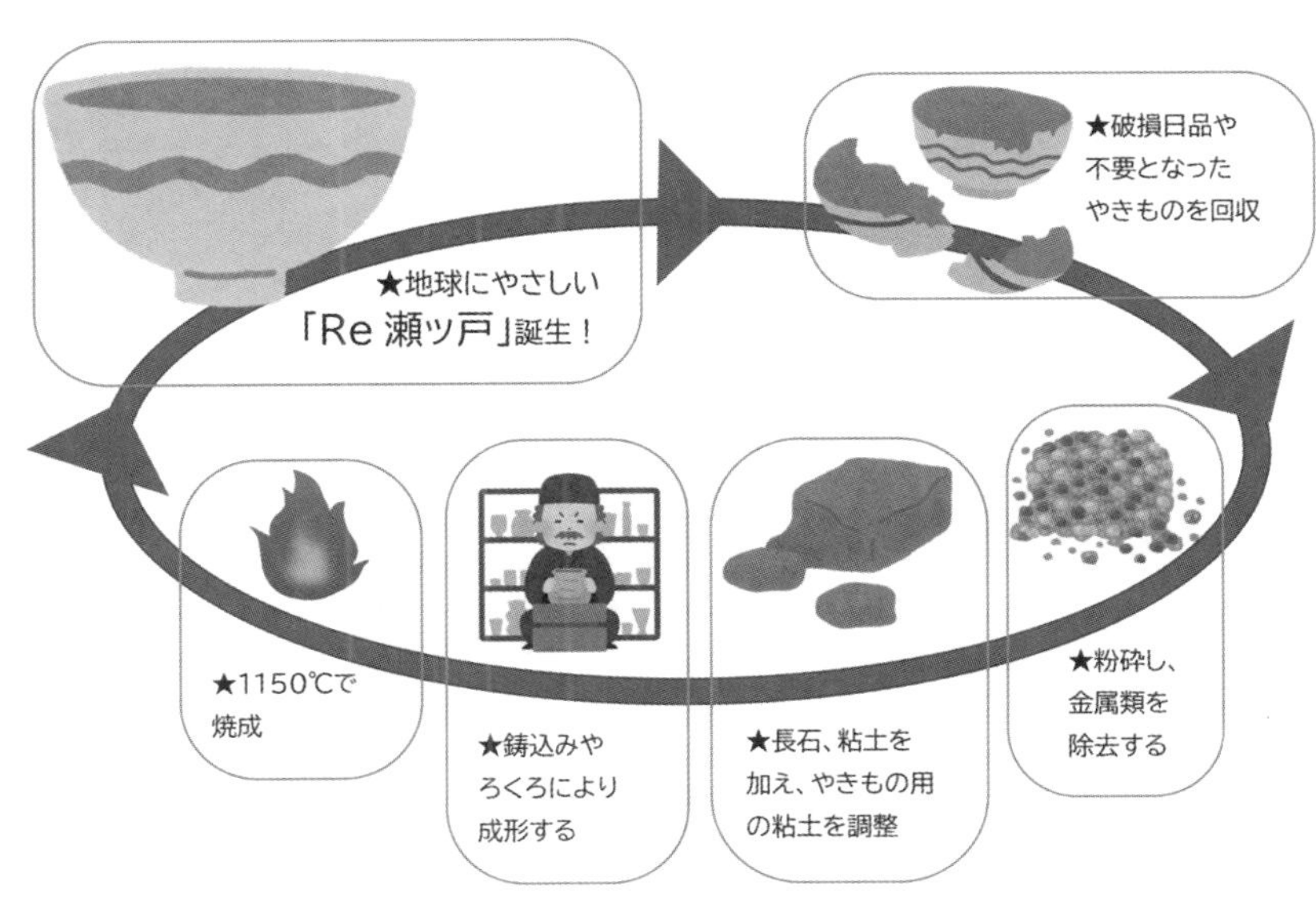

図表1　廃食器のリサイクル

2 「陶磁器製食器のリサイクルの意義
——江尻京子　NPO法人東京・多摩リサイクル市民連邦——」

（「TAMAとことん討論会15周年記念誌」（09年3月発行）より）

多摩地域に住む一人ひとりはもちろん、行政にとっても処分場の延命化は大きな課題です。

焼却灰のエコセメント化、容器包装リサイクル法によるプラスチック製容器包装のリサイクルやプラスチックを可燃ごみ扱いにして発電する清掃工場の増加など、行政の施策により、市民の手を煩わせることなく処分場の埋め立て量が減少してきています。しかし、不燃ごみの中には、まだリサイクルできるものがあるのではないか。市民連邦が目をつけたのが陶磁器製の食器でした。

「食器のかけらを最終処分場に埋めない」を合言葉にしながら、情報収集を続けました。

(1) おちゃわんプロジェクトの誕生

そうした中、ふとしたことで「岐阜県の研究所が中心になって陶磁器製食器リサイクルの研究をしている」という情報を耳にし、04年1月に岐阜県セラミックス研究所を訪問し、産地で食器リサイクルに取り組んでいる事業者を中心とした団体「グリーンライフ21プロジェクト」と出会いました。

その後、市民連邦では、内部に食器リサイクルプロジェクト（後におちゃわんプロジェクトと改名）をつくり、関心を持っている人たちで活動をはじめることにしました。

市民連邦では、02年4月から多摩市にある多摩ニュータウン環境組合リサイクルセンター（以下「センター」）の運営業務を受託しています。毎年2月には主催講座で制作した作品展と センターの事業報告を兼ねた「活動発表展示会」を実施しています。04年2月、会場の一角で陶磁器製食器の回収を行ってみることにしました。食器回収が市民に受け入れられるかどうかの実験をしてみることにしたのです。

実験をしてわかったのは、予測していた以上に市民の食器への思いが強いということ。捨てなくてはならないけれど、捨てたくない、捨てられないという人々の「情」ともいえる気持ちが染み込んでいるのが食器であり、ごみを減らすためや処分場の延命化のためだけではない「心のリサイクル」としての意味を持つことも解ってきました。

次第に食器リサイクルに関心を持ったり、活動を始めたりする人たちから市民連邦の「おちゃわんプロジェクト」宛に問い合わせが増え、ネットワークが形成され始めました。そこで、多摩地域を活動エリアとしている市民連邦では対応できなくなり、全国的な展開をする「食器リサイクル全国ネットワーク」を立ち上げることにしました。

05年8月、センターの会議室を会場にして、食器リサイクルについての情報交換会と食器リサイクル全国ネットワークの設立総会を実施しました。この会議に環境組合の管理者である多摩市長が「勉強させてほしい」と出席し、集まった人たちの話に耳を傾けていました。

そして市長や担当者と話し合いを重ねていくうちに、回収が目的ではなく、食器もリサイクルできる市民を育てる、ものを大切にする市民を増やすためのきっかけづくりであるとの共通認識が得られ、「啓発事業」として行っていく方向性が固まりました。センターオープン当初、「NPOと行政の協働事例を作りましょう」といっていたことが現実になっていく気配がした瞬間でもありました。

「食器リサイクル事業」はセンターの事業として06年度から正式にスタートすることになり、廃食器を受け入れてくれる岐阜県多治見市や土岐市、食器事業者の工場への見学やヒアリングなど、毎年担当となった職員と一緒に勉強に行っています。

(2) 廃食器リサイクルのねらい

センターでは市民が持ち込んだ食器はすべて本人の前で確認し、リサイクルできないものはその場で返却します。毎回毎回、対面で回収するのは手間と労力がかかって大変な作業ですが、そこでのコミュニケーションこそが啓発事業としての廃食器回収なのです。分別を徹底して絶対にごみは送らない。ごみ処理をしてもらっているのではなく食器の原料となる資源を運びこんでいる。この部分が揺らいでしまうとこの事業は成り立ちません。

ＮＰＯは専門性や目的に向かって進んでいくエネルギーはありますが資金が乏しい。行政は事業として位置づけられたことについては予算をもつけれども専門性には欠ける。そこで、ＮＰＯと行政は、互いに尊重しあい、対等な関係性を保ち、得意なことを出し合い、二者のうち一方が抜けてしまうと実現不可能な事業を作り出していくことで、新しい価値を創造することができます。こうした協働の仕組みをベースにした廃食器リサイクルを「多摩ニュータウンスタイル」と名づけました。

さて、廃食器を回収することによってどれだけごみが減るのでしょうか。多摩清掃工場の不燃物残渣組成分析調査によると約24％（07年５月、11月、08年5月の平均値）を陶磁器が占めていることがわかります。１年間の埋立量が約３４９トンであることから、約84トンの陶磁器が埋立処分されたことになります。

センターの場合、07年度の実績では、回収を行った約10ヶ月間で、7・3トン程度の陶磁器製食器を資源化ルートにのせていますが、まだまだ回収量を増やすことはできそうです。その分、最終処分場がわずかながらも延命化されたことになります。

しかし、多摩清掃工場に搬入されるごみ総量は1年間で約62、735トンであり、陶磁器の84トンは1％にも満たない数字です。徹底的にごみが減ることが期待されるわけではないのに、なぜ食器リサイクルの輪を広げる必要があるのでしょうか。

食器回収をしよう！と思ったきっかけは処分場の延命化を望んでのことでした。しかし、実際には数値として顕著にはあらわれない。陶磁器くずはエコセメントの原料にしたほうがいいと主張する人たちもいます。

しかし、人間関係の希薄さが社会問題になっている今日、決して廃食器リサイクルがその解決策になるとは言い切れないまでも、多くの人たちが関われる「集める」「分ける」の現場を作り出すことによって、地域の人たち同士の交流が生まれ、顔の見える関係を作り出すことができたり、暮らしを見直すきっかけにもなっていくのではないでしょうか。

豊かな時代だからこその「付加価値付きリサイクル活動」として、今日まで社会になかった新しいシステムを丁寧に作っていきたいと考えています。

江尻　そうです。

3　食器リサイクルの到達点（Q＆A）

⑴ 使用した食器への愛着

―廃食器のリサイクルの意義について、江尻さんのレポートでは、市民の皆さんが、「捨てたくない」という思いを持っていること、その「情」が染み込んでいるのが陶磁器だとおっしゃっています。

江尻　直接口をつけるもの、年齢と共に使う食器が変わっていくこと、割れるという性質がいとおしいことといった要素を持っているのが陶磁器製の食器です。

―その上で、多摩環境組合の事例を挙げ、廃食器は、全体のごみ量の約1％にしかならず、ごみの減量化という面ではあまり期待されていないと書いていますが。

―それでも、廃食器でもリサイクルでき、市町村がこの事業に取り組むのは、「物を大切にする市民を育てる『啓発事業』として」やっていく価値があるということでしょうか。

江尻　啓発事業は、チラシやパンフレットを作ったり、イベントや見学会を企画したり、工作教室や学習会を行う、グッズを作るなど様々ですが、いずれもそれなりのお金が必要な割には一過性のものも多い。食器は割らないように大事に使えばずーっと長く使うことができます。毎日がごみ減量の啓発につながるわけです。しかも使わなくなったらリサイクルできるというのはとても素敵なことだと思いませんか。

(2) 食器リサイクルの現状

―「食器リサイクル(全国)」の現状について、お教えください。

江尻 「おちゃわんプロジェクト」は市民連邦の部会のようなものなので、今でも市民連邦と全国ネットは家族のような関係です。陶産地の事業者で作られたグリーンライフ21プロジェクトも全国ネットのメンバーに入っていて情報交換に努めています。

食器リサイクルは、回収にこだわる人もいるし、再利用がいいという人もいますが、地域性もあり、それぞれの活動を否定せずに情報交換をする組織として活動しています。「現場を見たい」「活動報告会をしたい」という人もいるので見学会や意見交換会などをやったりしていましたが、この間コロナで動くことができなかったので、オンラインで行いました。

―自治体で食器の回収をしたり、リユースしているところを紹介してください。

江尻 食器の回収をしているところは多くはありません。所沢市や牛久市が先進的で、見学にも行きました。都内だと多摩ニュータウン環境組合(八王子市、町田市、多摩市)、小平市、国分寺市、墨田区などです。産地である多治見市が始めたのは大きかったと思います。瑞浪市も始める方向だと聞いています。

長野県では松本市と合併した波田町の消費者団体が回収を行っていましたが、松本市全域でも始める動きが出てきたそうです。その団体の代表者の持つネットワークにより長野県内のいくつかの自治体も動き始めているようです。奈良県の生駒市でも活発に活動する人がいて仲間と一緒に食器の回収を始め、奈良市にも広がったようですが、今は彼女の手を離れて市が行っているようです。

リユースに関しては、さまざまな自治体や市民団体が行っています。

―その他の動きなどを教えてください。

江尻　今はなかなか集まる、出かけるといった活動がしにくいため全国ネットとしては何かをやっているということはありませんが、問い合わせは多いです。個人からはリサイクルしたいがどうしたらよいかというようなことやリサイクルの粘土を使って陶芸をしたいというような相談、また、センターで回収した食器を譲ってほしいという事業者も。海外で売るというビジネスモデルを模索しているようで、海外ではそれなりの高値で売れるらしい。でも、お断りしました。理由は、センターでの回収は陶磁器製食器のリサイクルの輪を作ることが目的だからです。また、どこでどのような販売をするのかを追跡できないので全国ネットのメンバー団体へも紹介していません。

―多摩環境組合（多摩市や八王子市、町田市）ではどうでしょう。

江尻　構成市である八王子と町田と多摩の人が持ち込めます。持ち込まれた食器を検品するのは、リサイクルへの熱い思いを持ち、食器リサイクルについて意欲をもっているセンターのスタッフです。

食器でないものや汚れているもの、シールが貼ってあるものなど、土鍋やガラスコップ、ボーンチャイナ、強化ガラスなども対象外。ゴムや金具がついているものもお返ししています。

(3) 食器リサイクルの仕組み

―市町村で回収したものは、その後、陶産地に運ばれるなど、どのような流れで再商品化されますか？

江尻　当センターの場合ですが、回収したものは年に一回、フレコンバッグ10袋くらいを神明リフラックス（土岐市の粉砕工場）に持っていって、１㎜以下の砂粒くらいに粉砕し原料にしてもらいます。これをセルベンといいます。最近では、フレコン２～３袋で１トン位、年４～５トン前後になります。その後、ヤマカ陶料などの土をつくる事業者が、粘土などを加えてリサイクル陶土にし、それを焼き物事業者の工場でリサイクル食器（Ｒｅ食器）になり、市場に出回ります。あるいはそのまま、陶芸用の粘土などにも利用されます。

(4) 行政との連携

—市民団体と自治体、行政との連携について、お聞きします。市民団体が提案した取組みを、行政が取り入れていく経過をお聞きします。

江尻　市民団体と行政が、どんな役割分担が必要か話し合いをし、事業者や行政間での文書のやりとりや法的なことなどは行政が取り組み、

図表２　漫画　おちゃわんわれちゃった
（廃食器のリサイクルの流れを漫画で紹介）

回収したり事業者との連携や情報交換は私たち市民団体が担当する。要するに得意分野を出し合って協働する態勢で進めました。

―市民活動としては活動の拡大普及が課題となり、リサイクルセンター、行政としては維持継続が課題ということですね。

江尻　全国ネットや市民連邦としては食器リサイクルを推進するという目的を持った市民活動ですが、実際に回収を行っているのはリサイクルセンターで、啓発事業として位置付けています。

(5) 食器リサイクルの今後の課題

―この取組みをどう広げていけばよいのでしょうか。

江尻　リサイクル食器のセルベン含有量が20％もしくは50％なので、一つのお茶碗を出すと複数の食器ができる結果になります。けれどもそんなにリサイクル食器が売れるわけはありません。だからたくさんの食器が集まっても困るという現実があるので広めたいけれども、痛し痒し。この話を神明リフレックスの社長にしたら「食器を食器に変えることにこだわらないなら、タイルや路盤材、建材などへの用途もある」と教えてくれました。

―つまり回収するのは食器でも、再利用は食器に限らない？

江尻　そうした形での利用用途を増やす方法はあります。

―その他の現状の課題を教えてください。

江尻　リサイクル食器が広く利用されていくために克服しなければならないこととして最近聞いたことですが、家庭用の５００とか６００ＫＷの電子レンジでは特に問題はないが、業務用の1，300とか1，500KWの電子レンジを使用した場合にひび割れのような貫入が入るということ。

また、リサイクル陶土は原料の配合が難しく手間がかかることからコストがかかる。すなわち価格が高いということです。なので、当然完成した商品が高くなってしまいます。なにしろ100円ショップにもステキなデザインの食器があるので、リサイクル品なのになぜ高いのかといった消費者の声があるのが現実です。百貨店の食器売り場に並んでいるものと比べるとそれほど高くはないのですが、種類が少ないということもあり、なかなかブランド品として認知されないということもあるのでしょう。

—課題の解決に向けた動きを教えてください。

江尻　電子レンジ対応については研究が進んでいるので時間の問題だと思いますが、販売量を増やすという点については、そもそも食器が売れない時代なのでなかなか難しく、商品の価格を抑えるよりは、もっと付加価値をPRすることが必要かもしれません。

—行政が資源回収に協力しても、そこで新たに作られた商品（例えば再生紙や再生陶磁器）が、売れる市場があるのか、どう作るかという難しい問題ですね。

江尻　古紙のリサイクルに関わっていた立場としても感じますが、どこまで民間、どこまで行政がやるのかというのは本当に難しい問題です。特に行政は、何年かごとに担当者が変わるし、施策の方針も変わる。リサイクル事業者にとっては行政の施策に振り回されることにもなります。行政との連携は重要ですが、頼るだけではなく力をつけることが重要だと思います。

—付加価値を高めるという点についてはいかがですか。

江尻　回収した食器を原料に使った製品を「エコ商品」のような形でブランド化することについては、「グリーンライフ21」が、積極的に取り組むことで開けるんじゃないかと思っています。焼き物は美濃焼とか有田焼という産地を銘打って商品化しているものが多いけれど、「Ｒｅ食器」というブランドをつくり、現在はほぼ美濃焼産地で作られていますが、リサイクル陶土を使っていればどこで作っても「Ｒｅ食器」と名乗ることができるようにする。そうした提案をしている人もいます。

⑹ものを大事にする啓発事業に活路？

―今後の展望についてのお考えをお話しください。

江尻　そもそもこれを始めたのは日の出町にある最終処分場の延命化。食器を埋めたくないという思いからでした。そうしたら多摩地域の処分場ではエコセメントを作り始め、陶器くずもその原料の一部となっていった。でも、埋め立てはなくなっても、セメントをつくればいいというものではない。だから闇雲に回収するのではなく、きちんとしたリサイクルの循環を作っていかなければならないとますます思うようになりました。

―この活動で気が付かれたことは何でしょうか。

江尻　食器リサイクルの仕組みを作るにあたって、まずは生産者のところに行きました。そこで窯業界の人たちと知り合えたことは大きかった。実際に消費者と話すのは初めての体験だったという生産者もいました。特に工場は下請け、またはさらにその下請けだったりするので消費者との距離が遠すぎるということでしょう。「今までただ注文通りにものを作るだけで、自分達が作ったものを誰がどう使うのか、なんて考えたこともない」と言った社長さんがいました。食器メーカーは「売れるもの・見栄えのいいもの」が消費者に受けると思って企画して、工場に発注して、それを小売店などに流して、それらがどれだけ売れたかという数字で判断します。そういう話を聞いて「消費者はもっと生産者に自分たちの思っていることや要望を伝えなければいけない」と実感しました。全国ネットの役割の一つでもあると考えています。

――日本の製造業の場合、下請けだけでなく、製造体制が確立している大手企業の場合も、消費者やユーザー目線で何が求められているかの調査を行っているところは多くありません。貴重な情報交換でしたね。

江尻　こういう体験を通じて、知識や情報が広がるのはとても面白い。生産者の人にも同じ意識を共有してもらうことで、どれだけ市場が変わるのかまだ未知数ではありますが、社会全体でボトムアップできたらと思います。常々リサイクルは静脈産業でありながら、新たな動脈産業としての可能性も秘めていると思っています。

――廃食器のリサイクルでは、市民は陶磁器を使った上で、廃棄し、再商品化したものを購入・消費します。食器リサイクルのような仕組みを考えていくうえで、市民が何を望み、何を考えているのか、対応対処のご苦労があったでしょうね。

江尻　人との出会いを楽しみ、そこから学ぶことは多いですね。リサイクルセンターは啓発施設であり学習施設でもあるので「何を必要としているか」ということを高くアンテナを伸ばして取り組んでいかないと独りよがりになってしまう。例えば、20年前に開館した頃は地域に児童館も図書館もなかったので、その役割を求める人も多くいましたが、今はそれぞれの施設があるので、それを引きずっても仕方がない。今の子育て世代のニーズを私たちの世代の感覚では捉えられません。

食器についても同様で若い人たちの意見をどんどん取り込んでいくことが重要だと思っています。

いろんなニーズを試行錯誤しながら汲み取り、センターの運営を続けていますが、一つの例としては、リサイクル陶土を使って自由に作陶できる講座で意外に人気なのが、赤ちゃんの手形・足形だったりする。食器リサイクルをしていたからこそ生まれた企画だと思います。

そんな成り行きを見守っていけるのはセンターを運営する醍醐味です。

4 「みんなでつくるリサイクル」江尻京子レポート

（「みんなでつくるリサイクル」（日報）より）

(1) きっかけは二男

二十世紀末、私はごみとともに生きたといっても過言ではない。とはいうものの、もともと環境問題や廃棄物業界、再生資源業界に精通していたわけではなく、どちらかというと「ごみ問題なんて考えたことがない」という無関心派に近い存在であった。それが今では、寝ても覚めてもごみ一筋。私をここまで引きずり込ませた発端は、実はどうしようもなく手のかかる幼いころの二男だったのである。

89年4月。2つ違いの兄が幼稚園に通い始めた。弟である二男は母親の私といっしょに毎日園の玄関まで送って行く。始めのうちは生活に変化が生まれたことで、それなりに楽しんでいたようであった。ところが、兄のお弁当が始まる。楽しい絵本や工作物を持ちかえってくる。

　母親よりずっとやさしい先生がいつもにこにこして兄のそばにいる。生まれたときから、一番近い存在だった兄がどんどん遠くに行ってしまう。でも、兄は家にいたときよりもずっと楽しそうだ。幼稚園というところはとても魅力があるところのようだ……。と二男は思ったのだろう。まず最初に始まったのが朝、園の玄関前での抵抗だった。兄といっしょに「幼稚園に行く」というのである。しかし、体重の軽い3歳の二男がいくらあばれても、ひょいと抱えてしまえばそれまで。いくらバタバタしても私の勝ちである。それでも、二男の朝のバタバタはなかなか止むことがなく、今度は「名札がほしい」と言い出した。

　当時、専業主婦だった私にはたっぷり時間があり、名札を作ることで二男のバタバタがおさまるのならばと思い、ポール紙や折り紙を使ってそれはそれはきれいな名札を作ってあげた。しかし、二男は「違う」と言って放り出す。それではと、今度はフェルトを使ってかわいい名札を作っても、やっぱり「違う」という。語彙の少ない三歳児と向き合いながら、いったいこの子は何を私に訴えようとしているのかと随分なやんでいた。

　そんなある日、長男の胸に名札をつけていると私の手元をじっと見ている二男の視線を感じた。「ようちゃんは、お兄ちゃんみたいな名札がいいの」二男はコックンとうなずく。「これは幼稚園に行く子がつけるのよ。ようちゃんも大きくなったらコレをつけて幼稚園にいこうね」と言いながら、「そうか、この子は名札がほしいのではなくて、名札をつければ幼稚園に行けると思っていたのだ」ということがようやくわかってきた。

　とはいうものの、「では幼稚園生になりましょう」というわけにもいかず、この二男の思いを何とかして叶えてあげる方法はないものかと私の悩みはますます大きくなっていった。

そんなある日、何気なく見ていた市報に公民館主催の「女性セミナー」の受講者募集の記事が載っているのを目にした。そこには、保育付きの文字が並んでいる。その瞬間、公民館の保育室では子どもたちに名札を付けていることを思い出した。そうだ、この講座に申し込もう。保育室には保育者である先生がいて、工作したり、散歩したり、歌をうたったり、おやつもある。週に一度二時間ほどだが、きっと二男は満足するだろう。そう判断した私はすぐに公民館に申し込みの電話を入れた。こうして、兄と同じようなビニール製の名札を付けての公民館保育室通いがスタートしたのである。

女性セミナーのタイトルは「あなたらしく生きるセミナー」。講師の話とグループワークで構成された約10カ月の長期講座であった。参加動機が二男の保育室通いだった私は、講師の話を聞くことも受講者間のディスカッションにも積極的に加わる気はなかった。しかし、途中で夏休みが入るとその後の受講者はぐっと減少し、すべての参加者が関わらないと講座が順調に流れない状況になってしまった。

84年、私は、長男の妊娠で受けた体へのダメージが大きかったため、仕事を辞めて育児と家事に専念することにした。高校教員としてこれからという時期でもあっただけに、悔しさでいっぱいだった。やめた以上は世界中でいちばんりっぱな母親になると心に決め、家庭以外のことには目を向けないことを決意した。その後、健康を取り戻し、二男を出産。でも、仕事には復帰せず、ますます、子どもが中心、すべてが子どものためという暮らしを続けていた。二男のために女性セミナーに通うことを決めたのも、そういう理由からであった。当時の私は、自分の意思や感情を押し殺してこそ、いい母親になれると思い込んでいたのである。

ところが、周囲はそんな私を放っておいてはくれなかった。セミナーではグループワークがスタート。私は公的な高齢者福祉について他市の事例をヒアリングすることになった。

久しぶりに子どもや家庭の用事ではない外出。もともと出たがり性分の私。不本意な仕事の辞め方をしたことをずっと引きずりながら生きている自分の姿。ヒアリング先に向かう電車のガラスに写るそんな自分の顔を見つめながら、「もしかしたら、新しい何かが始まるのかもしれない」という漠然とした思いの中にいた。

二男は週一回の保育室通いですっかりご機嫌になり、朝のバタバタ騒ぎはおさまった。保育室の子どもたちや先生たちとも仲良くなり、幼いなりに自分だけの世界を持つことに優越感すら抱いていたようである。いつのまにか、私もセミナーにすっかりとけ込み、にわか知識で女性と高齢者問題について一人前に議論するようになっていた。

私も二男も充実した時間を持ってはいたものの、しだいにセミナー最後の日が近づいてきた。長男が春休みに入る一カ月以上前に女性セミナーは終わってしまう。また、二男のバタバタが始まったらどうしよう。私は胸中おだやかではなかった。

(2) ごみとの出会い

ところが、何と女性セミナーの最後の日と同じ週から始まる新しい講座のチラシが目の前に現れたのである。「ごみがハンランするとき」。この講座こそが、私にごみ問題という社会問題を教えてくれた「先生」だったのである。

が、当時の私は、まず保育があるかないかが大問題。女性セミナーと同様に講座の内容は二の次で二男の保育室通いが継続されるというだけで、申し込むことを決めたのである。女性セミナーを最後まで受講していた人たちは問題意識も高く「これからは、ごみ問題が大変になってくる」と口々に言いながら申し込みをしていた。しかし、私にはどうしてごみが問題なのかという認識はほとんどなく、まわりの人たちの話にとりあえず相槌を打っていただけだった。ごみは捨てるとなくなるという程度の考えしかなかったのである。

しかし、不思議なものだ。講座が始まると毎回毎回、否定される自分がある。否定された分だけ新しい知識が入ってくる。それが何とも心地よい。

家庭と育児に専念した専業主婦としての5年間。仕事を辞めたことで、二度と社会に出るチャンスはないだろう、専門としていた流通経済や商業経済についての新しい情報を得れば得るほど辛くなる。だから、新聞も三面記事と育児や料理のページ、それからテレビ欄以外は見ないようにしていたのである。したがって、ごみが社会問題化しつつある状況なんぞ私にわかるはずはなかったのである。

今考えると、そこまで自分を押し殺して生活する必要がどこにあったのかと思うが、女子高生の教育現場という非常にやりがいのある仕事を捨てなくてはならなかったつらさと悔しさは当時の私にとって計り知れないほどの挫折感だったのである。仕事を続けている学生時代の友人達がうらやましくて劣等感の固まりにもなっていた。

その挫折感や劣等感に追い討ちをかけるかのごとく、ごみ問題はのしかかってきた。講師の話を聞けば聞くほど、いい母でもいい妻でもない自分が浮かび上がってくる。モノの終焉を意識せずに表面だけきれいな暮らしをしていた自分があわれにも思えてくる。そして、「知らない」という罪の重さ。自分の目に入る範囲だけで暮らしている私。

6回連続のごみ問題の講座は私に具体的な課題を与え、過去を振り向くのではなく、過去を生かすために未来にむかって進んで行かなくてはならないことを教えてくれた。女性セミナーの終わり近くに感じた「何かが始まる」という予感はこの講座との出会いであったのだろうと、今になってわかったような気がする。

世界一ダメな母親になるはずだった私を二男は救ってくれた。もし、二男が聞き分けのよい子どもであったら、今の私は存在しないに違いない。

(3) 市民活動としてのごみ問題

講座終了後、せっかく出会えた人たちだし、もっと知りたいことはたくさんあるし、みんなで活動すると楽しいことも多そうだし、という参加者の意見があり、講座のアフターグループとして、90年5月にごみを考える会が発足した。

私は女性セミナーでの自分自身の心の変化を文にし、朝日新聞の「ひととき」という投書欄に投稿していた。それが、ちょうど講座最終日に新聞掲載となり、ちょっとした地域の有名人になっていた。その上、講座最後の講師が「みんなで活動をはじめよう」と参加者をあおりたてたこともあり、新聞に投稿するくらい積極的に社会参加をしようとしている江尻さん、それならば、アフターグループのお世話役をやらせてあげましょう。市民活動の一歩としてとても有意義ですよ。というまわりの声にすっかりおだてられ、当時講座を担当した職員といっしょになってグループ作りに力を注ぐことになった。

二男は約一年間、公民館保育室に通ったことで落ち着いたものの、今度は母親のお供で朝から夕方まで公民館で過ごすという羽目になっていた。しかし、保育室で友達になった子どもたちと遊んだり、自分より年齢の低い子どもの面倒をみたりしながら、二男は二男なりの位置を確保していった。あいかわらず、聞き分けがなく、目を離したすきに勝手に「散歩に行く」という習性は直らなかったが、たくさんの大人の目や子どもたちとの肌のふれあいを体験しながら育つことができ、結果としては親子ともどもいい経験をすることができたと思っている。

ごみを考える会の活動は、行政が発信しているごみの分別やごみ減量の啓発がちっとも市民に伝わっていないという現実を受けて、ミニコミを作ろうということからスタートとなった。……ミニコミの名前は「かわら版ごみ」とし、90年7月に第一号を出した。かわら版ごみは、97年に会が解散するまで活動の柱として発行しつづけ、……かわら版ごみの編集長になった。そして、数カ月後には事務局長役も担うようになっていた。……

牛乳パックの回収をスーパーに呼びかけたり、子どもたちに再生紙の学習帳を使ってもらう運動を展開したり、イベントではアルミ缶や牛乳パックの回収、再生品の展示販売、アンケート調査、学習会の主催など、実にさまざまな活動を展開していった。

……夕食のおかずを一品減らして本を買い、新聞のテレビ欄を見てごみ問題関係の番組にマークをつけるのが日課になっていった。一時は本屋よりも図書館よりも私の本棚の方がごみ問題の書籍や資料が充実していたほどであった。それでも、長く消費者運動や環境保護運動に関わっていた人たちにはかなわなかった……。

そんなある日、私の目指すものは何なのかを落ち着いて考えてみた。少なくとも、先輩たちに勝つことではない。勝負や競争をしているわけではないからだ。私がごみ問題と関わるようになったきっかけは、ごみのことをなにも知らなかった自分自身を認めたところからだ。そして、私の問題意識は暮らしや生活の中にある。そうだ！　そこにうんとこだわった活動をしていこう。

先輩たちに追いつくことが目的ではなく、ごみを減らすことが目的なのだというあたりまえのことが仲間たちといっしょに地域の活動をするなかで、だんだんわかってきた。

(4) 子どもと考えるごみ問題

多摩ニュータウンに七軒の「ノート屋さん」ができたと、ノンフィクション作家の枝川公一さんが新聞のコラム欄に書いた。「ノート屋さん」というのは、子どもたちに再生紙の学習帳(算数や国語などの小学生対象のノート)を使ってもらうために、私を含めたごみを考える会の7人が自宅で「開業」した再生紙の学習帳専門店なのである。

91年、長男が小学校に入学。ある日、教科書とノートを並べて宿題をやっていた。親としてはなんとも嬉しい光景である。ところが、ふと机の上に目をやるとノートの紙がやけに白い。触ってみるとずいぶん質のいい紙だ。算数の宿題をする長男は一ページに6つくらいの式と答えを書くとどんどん次のページに進んでいく。あっというまにノートは終わってしまうだろう。私は成長した長男への嬉しさと同時に、どうしてこんなに上質の紙を使う必要があるのだろうか、環境教育っていうものの、日常のノートが再生紙でないなんておかしい……と疑問を感じた。そういえば、会の仲間も、一年前に小学校に入学した長女に再生紙の学習帳を使わせたくて捜したが、どこにもなかったという話をしていたことを思い出した。

当時、再生紙の大学ノートは目にするようになっていたものの、子どもたちが使う学習帳には再生紙を使用したものを見かけることはなかった。しかし、きっとどこか一社くらいは作っているのでは……。そう思っていた矢先、私はゴールデンウィークに開催された市主催の環境イベント会場で見かけた学習帳があわいクリーム色の紙を使った再生紙だったことを思い出した。ところが、そのノートがどこに保管されているのかわからない。メーカーがどこのものであるかもわからない。職員に聞いても、きちんとした返事は返ってこない。あれは幻だったのだろうかと悩みながらも、必ずどこかにあるはずと信じていた。会の仲間も「子どもたちにこそ再生紙のノートを使わせたい」と同じ気持ちで捜していた。

ところが、仲間の一人が市内にある清掃工場見学会に参加したところ、なんと見学者ルームに展示してあるではないか。灯台もと暗しとはこういうことを言うんだろうと思いながら、さっそくメーカーに連絡をとり担当者に会うことになった。

メーカーでは、売れないので製造を中止し営業路線から外すという。しかし、新聞古紙を使った白色度の低い学習帳は他にはない。唯一、エコマーク付きの学習帳だ。このメーカーが販売をやめてしまったら同様のノートはなかなか出てこないだろう。「それなら、私たちが買いとって売りましょう」と言ってしまったことから、多摩ニュータウンに七軒のノート屋さんが誕生することになったのである。

メーカー側は私たちの活動に半ばあきれながらも、否定することもできず、とうとう学習帳はリニューアルされて販売路線に乗せるようになった。すなわち、文房具屋の店頭にも並ぶようになったのである。新聞や雑誌が次々とこの活動を紹介してくれたことから、全国的な広がりを見せ、いろいろな人たちとの情報交換がスタートした。

しかし、ノートの白さ信仰は私たちが考えた以上に「常識」だった。黄ばんだ色、古い商品に見られるなど消費者よりも販売する側からの声が大きくなっていった。

そうこうしているうちに、まっ白い再生紙の学習帳が出まわるようになってきたのである。

ノートは白くてあたりまえ、白くて高級品という「常識」のもと、「白い再生紙の学習帳」がエコマーク付きで販売されはじめた。当時のエコマークは、古紙率がベース。したがって、問題なく認定されたのである。

「エコマークがついているんだから、どれも同じ」エコマークというお墨付きの力がどんなに強い力を持っているのかをあらためて知ることになった。

ノート屋さんは、開店していたメンバー自身が忙しくなったことや、場所によっては買いに来る子どもたちが減ってきたこともあり閉店する人が増えてきた。

しかし、オフィス町内会が青年会議所と連携してコピー用紙の白色度を70％にしようという全国的な動きをダイナミックに展開したことから、白くない再生紙を使おうという動きがあちこちで展開されるようになってきた。

こうした社会的な価値観の変化を受けて、88年8月にはノート類におけるエコマークの規定のなかに白色度の項目が入るようになったのである。

(5) ごみだけを見ていてもごみは減らない

私はこの学習帳との関わりのなかで、たくさんのことを体験し、知識を得ることができた。特に、ごみ問題はごみだけを見ていては解決できないということを実感したことである。

ごみを考える会は、メンバーの活動テーマが細分化していったり、家庭や仕事の事情で参加できなくなった人が増え、日常的に活動できる人たちがどんどん減ってしまったため解散することになった。ただ、私は解散した後も年々お客さんが減っていくノート屋さんを一年くらい続けた。正直なところ、白くない再生紙の学習帳を広げる活動はもちろん大事だが、それよりお馴染みさんの近所の子どもたちや息子たちの小学校に通う子どもたちとのやりとりが実におもしろくてやめられなかったのである。

5 ゴミニスト、江尻さんに聞く（Q&A）

—エコにこセンターではどのような活動をされたのですか。

江尻　開館から10年ほどは粗大ごみとして出された家具の修理・清掃・販売を行っていました。今は若干の補修はしますが、修理はやめました。大きな家具類は住宅事情もあって、ニーズが少ない。それよりも手軽な小型の家具、自家用車に積んで持って帰れるサイズのものが人気です。また、使えないたんすの引き出しなどは、そのまま箱として販売したり、分解して板として販売したりしています。使える部品も販売しています。

—フリーマーケット開催ののぼり旗も見ました。

江尻　その他大きな事業としては、フリーマーケットを行っています。屋根付きの場所であること、比較的広いスペースがあることなどもあって、人気があります。大きな机を6～7台並べて売り場にし、手作り小物、本、日用雑貨、衣類、それに家庭菜園で作ったキュウリやトマトなどの野菜なども。もちろんRe食器は常設で販売し、再生陶土を使った講座もあります。他にも子どもや大人対象の不用品を利用して作品を作る講座を定期的に行っています。

—ごみ問題の活動に入られるきっかけとして、「二男」の問題は面白いですね。この話を聞い

た人が、江尻さんの考えを二男に押し付けず、あくまで二男が何を問題にしているかを考えていることに感心したと言っています。

江尻　子どもはかわいいけれども、私は、一人の人間として冷めた目で見ていたところがあったと思います。その当時の私の役割は子どもが自立していく過程でのお手伝いであり、二男の要求に対しても、親子というよりも人間同士として、何を言いたいのだろうと考え、母という役割の中で自分がなすべきこととして名札を作ったり、公民館に行ったりしたのだと思います。

何事にもきっかけってあるもので、それはあとで振り返るとユニークなことであったりしますね。私の場合もそういうことなのでしょう。

―江尻さんは専業主婦として自分の時間を市民活動に使っていったわけですが、今の社会は、その余力さえなくなりつつあります。

江尻　私が子育てをしていたころは常勤で仕事をしている主婦は多くはいませんでした。夫が稼ぎ、妻が家庭を守るという構図が一般的だった時代ですが、子どもを中心とした食の問題、環境問題、教育問題などに関心のある主婦たちは子どもが学校に行っている時間を見計らって市民活動に参加していたように思います。それは私も同様でした。

今は結婚しても両人とも仕事をすることが珍しくなく、また、シングルの人たちも増えています。そうすると昼間の時間は仕事、自由な時間は仕事がお休みの日だけになります。でも、仕事が忙しいと溜まった家事もあり、子どもがいると子ども関係の用事もあってなかなか市民活動へ主体的に関わることができないのが現状です。

―社会全体として余裕がなくなっきていますね。

江尻　一方、ＮＰＯのように社会問題を解決する活動を事業として行う人たちもいて、ここ20～30年ほどで働き方も市民活動も大きく変化したと言えると思います。

私はたまたま一人で子どもを育てることになり、生活費も一人で稼がなくてはならない環境になってしまいました。そうなると食えない市民活動をやめるのが常識ある人の選択なのかもしれませんが、私は逆にお金を動かすことを考えながら新たな活動を作っていこう、踏ん張らなくてはと思いました。雑誌や新聞に記事を書いたり、講演会や学習会の講師をしたり、リサイクル事業者団体の事務局をしたり、ごみ問題に関係ある様々な仕事をしながら、市民連邦の活動も続け、子どもを育てました。ある日、一緒に働き方のテレビ番組を見ていた長男が、「おかあさんみたいな人を定職につかないっていうんだね」とふと口にした一言は今でも忘れられません。

――これまでを振り返って、やってきてよかったことはなんでしょうか。

江尻　ごみ問題はピンポイントの社会問題ではありますが、だからこそ軸足の置き場を見つけやすく、ぶれずに社会も自分も見つめることができます。そしてなによりも多くの人との出会いと活動のチャンスには感謝しかありません。

3年ほど前まで女子大学で非常勤講師として16年間教壇に立っていました。大学院に進学して研究者となる人もいますが、ほとんどの学生は卒業後社会に出ていくことになります。そこで、ごみ問題についての理論を学ぶだけではなく、様々な角度から考えたり、体験したりするカリキュラムを作りました。清掃工場の見学、不用品を使ったものづくり、イベントへの参加、リサイクル陶土の陶芸体験などです。体験したり現場に足を運ぶことで視野を広げ、理論の裏付けへとつながります。

こうした独特なカリキュラムを学生に提供す

ることができたのは活動の成果の一つであると思っています。

―後輩の皆さんに何を伝えておきたいですか。

江尻　仕事や子育てが忙しい中ではなかなか社会に目を向けることは難しいかもしれません。しかし、今はインターネットというとても便利な媒体があります。

あれ？と思ったらまず検索することですね。そこから、次々と社会課題への関心が生まれていくのではないかと思います。まずは関心を持つことです。

―今地球規模でSDGsなどが課題となり、その中でもごみ問題は身近なテーマになっています。取り組んできた先達として一言お願いします。

江尻　ごみ問題はだれも避けられない社会問題です。あらためてなぜごみを減らさなくてはならないのか、ごみが増えるとどんな悪影響があるのかを考えるきっかけにするとよいと思います。そのうえで、SDGsの17のゴールと169のターゲットを眺めながら自分にできることは何か、それをしなければどうなるのかといったことを考えてみるのもいいと思います。

―生まれ変わった時に、同じ人生、ごみ問題をやりますか？

江尻　それはわかりません。まず長男がいて、二男がいないとごみ問題には到達しないですからね。そしてここまでがんばれたのは、私が地方出張で家を不在にしても文句ひとつ言わず二人でしっかり留守番をして、応援してくれたこと。息子たちがいてくれたら同じ人生、ごみ問題をやることになるでしょうね、きっと。

―どうもありがとうございました。　**（青木）**

プロフィール

江尻　京子

ゴミニスト　ごみ問題ジャーナリスト
環境カウンセラー

1990年からごみ問題に関わる。

高等学校教員、専業主婦を経て、家庭系廃棄物を専門としたごみ問題ジャーナリストとして、執筆、講演活動を行う。

1996年から東京都多摩地域のごみ問題をテーマとする「特定非営利活動法人東京・多摩リサイクル市民連邦」事務局長。

2002年４月からは、多摩ニュータウン環境組合リサイクルセンターのセンター長として、地域に根ざしたごみ減量啓発施設の運営にあたっている。

2003年４月から2019年３月まで、恵泉女学園大学非常勤講師として廃棄物および生活環境をテーマに教鞭をとり、若い世代との交流にも力を注いだ。

2005年には、陶磁器製食器のリサイクルを考える「食器リサイクル全国ネットワーク」を設立した。また、産業構造審議会NPO部会委員、東京都公害審査会委員、東京都廃棄物審議会委員など、国や自治体等の廃棄物、環境、市民協働関連の審議会などの委員を歴任。

ゴミニストとは、仕事も趣味も活動も「ごみ」を主軸にした暮らし方をする人を指す江尻京子の造語。ごみ問題は「ごみ」だけを見ていては解決しない……を信条に、現在はNPOと行政の協働による現場作りをしながら発言を続けている。

主な著書等

「みんなでつくるリサイクル」（日報）

「環境コミュニケーション入門」（分担執筆　日経新聞社）

「新版・環境とリサイクル」（指導　小峰書店）

「みるみる社会科、家庭の中の３Ｒ（東映 教育ビデオ）」など

2. 生ごみで花一杯の街づくり

吉田 義枝さん

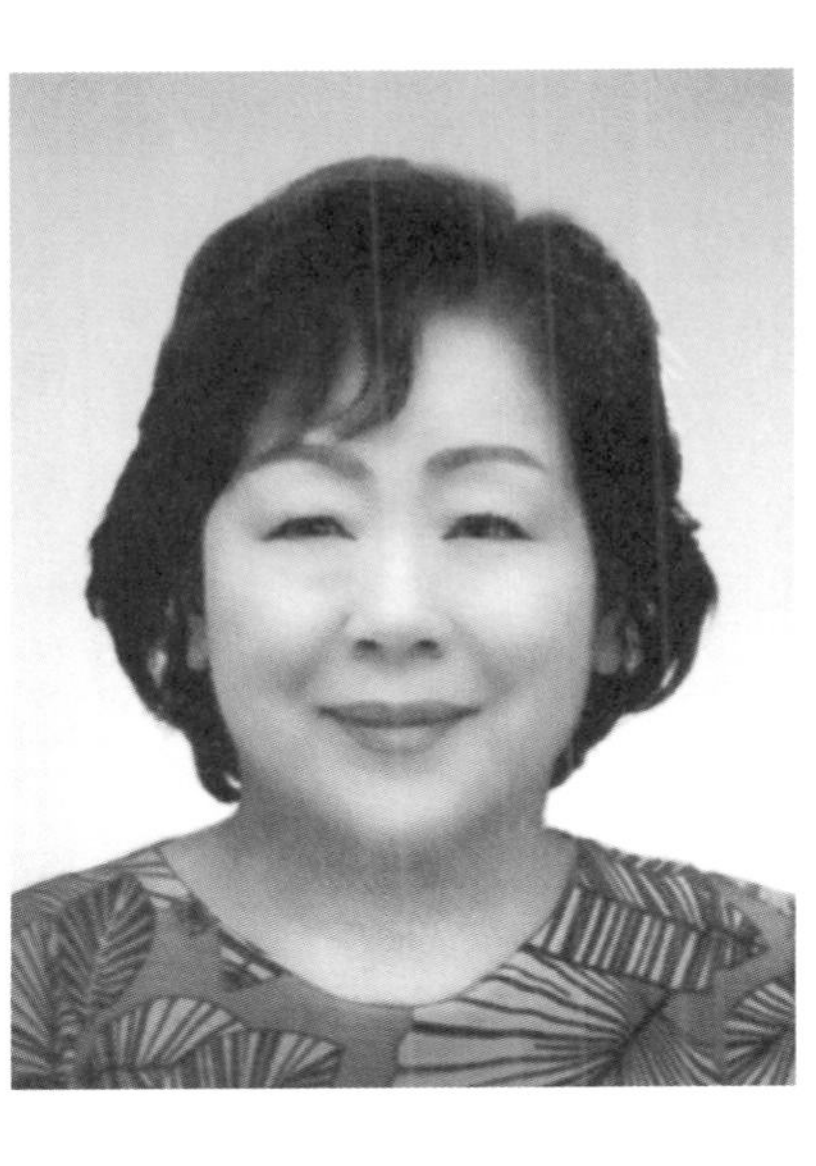

戸田市が取り組んだ、「生ごみで花一杯の街づくり」は、家庭から出る生ごみを生ごみぼかしで発酵させ、市のリサイクルフラワーセンター（障がい者雇用）に運べば、花の苗24鉢と交換でき、街が花で溢れるという楽しい試みです。当初100世帯程度が協力してくれるかと予想していたそうですが、300世帯、400世帯と協力家庭は増えたということです。戸田市は、埼玉県の南東部にあり、埼京線で池袋まで20分、新宿まで30分。東京への通勤に便利な典型的なベッドタウンで、人口約14万。市民の平均年齢は約39歳と若い街でした。

この仕組みを作ったのが、当時環境部の副主幹だった吉田義枝さん。ぼかしとは、米ぬかともみ殻に微生物菌を混入したものであり、これを生ごみにふりかければ、生ごみが発酵し、腐敗せず、堆肥の原材料とすることができると知られています。バケツにぼかしを付けて、協力市民に貸与し、市民は約一ヶ月、家庭から出る生ごみを発酵させ、市に運ぶ。市は、交換に3カ月ごとに花の苗24鉢を渡す。市は、生ごみぼかしで、堆肥「戸田の力」を作り、近隣市に配り、有機野菜を作る。見事な循環型の利用システムです。もちろん、その分、焼却炉で燃やされる生ごみが減ります。

生ごみの堆肥化を進め、資源循環利用する市町村は、全国でも数十ヶ所ありますが、生ごみを市に運べば、花の苗を配るというのは戸田市だけです。

ごみ問題で、つい面白いと声を上げるような取組みは、多くの場合市民や市民団体から提案されたものが多く、行政から提案されることはまれです。なぜ戸田市はそのようなことができたのでしょうか。ごみ問題への未来への希望を抱かせるこの花一杯（いっぱい）活動。その内容を追いかけました。

1 生ごみで花の苗を交換する（Q＆A）

吉田 義枝

(1) 世界ではじめての試みか？

―全国というより世界でも初めてなのではないですか。ごみを自分で運んでくれれば、花の苗と交換できる。ごみ処理というより街づくりでしょうか。何がきっかけで始めたのですか。

吉田　生ごみは焼却ごみの大半を占め、水分を含めば含むほど、焼却にエネルギーを使います。生ごみを減らすことが、大きな課題でした。

当時で焼却には16億円かかっていたので、分別を徹底すれば、ごみ収集の有料化は回避できます。牛乳パックをそのまま捨てればそれはただの燃やすごみですが、洗って資源にすれば高値で買い取ってもらえるのです。私はときには女優のような演技をして業者との交渉に臨みました（笑）。

そこで、堆肥化で焼却ごみを減量し、経費や焼却ごみの減、ひいては環境につながるのではと思いました。

―ごみと花、まるっきり異なるものを結び付けた発想が素晴らしい。

吉田　バークレイ大学で、花の園芸セラピーが障がい者に良いことを知って、花の育成と花との交換を自然に思いつきました。

焼却ごみを減量するには水分の多い生ごみを堆肥化することが一番効果的で、それを分別してもらうことが必要です。けれども、やはり人間は何か見返りがないと努力が持続しにくい。それで花の苗と交換するというアイデアを思い

戸田

生ごみ 花に換えて

咲かそう〝一石三鳥〟

事業拡大で障害者雇用も

戸田市は２月から、市民が持ち込んだ生ごみを花の苗と無料で交換する事業を拡大するため、新設した温室３棟で苗の育成を始めた。生ごみ減量対策と市が進める「花のまちづくり」を結び付けた事業で、同時に苗の育成を担当する障害者雇用を従来の週延べ８人から100人に大幅に拡大。温室建設には隣接する蕨市も出資し、生ごみリサイクル、花いっぱい運動、障害者雇用が一体化した取り組みとなる。　（高橋恒夫）

バケツ1杯の生ごみと花の苗の交換事業を拡大するため建設された温室＝戸田市で

戸田市美女木の蕨戸田衛生センター北側の駐車場跡地に、温室三棟が並ぶ。その名も「リサイクルフラワーセンター」。冬の日差しが降り注ぐ温室で、種や水をまくのは、精神障害や知的障害のある人たちだ。

そばで見守る佐藤理恵さんは同センターを運営する広域組合の職員だが、前職はディズニーランドの子会社で緑化事業を手掛けた園芸の専門家。ドイツ留学が決まっていたが、戸田市環境クリーン室の吉田義枝さんが、「あなたが必要」と口説き落とした。

吉田さんは長年、福祉行政を担当し、八年前にごみの担当になった。主婦の目線で「ごみは宝」の考えから「生ごみを堆肥にして花を育ててはどうか」と発案。二〇〇七年十月、衛生センター南側に温室一棟のフラワーセンター戸田をオープン。生ごみの堆肥化は、ＥＭ（有用微生物群）ボカシを使う方法で、ＮＰＯ法人「戸田ＥＭピープルネット」に委託し、苗の栽培を障害者が担う事業をスタートした。

一年後に、ごみと苗の交換をスタート。市民に十七ﾘｯﾄﾙ用のバケツを無料で貸し出し、生ごみを持ち込むと、二十四鉢の苗と交換する。当初は生ごみの堆肥で育てた苗を、主に周辺の学校や保育園などに配っていたが、主婦の間で「生ごみを持って行くと、ただで苗がもらえる」と評判が広がり、〇九年二月にはバケツの貸し出し個数が、それまでの二ケタから一気に二百に急増。現在、四百人以上が登録する。

市では、利用者拡大を受け、年間約二万六千鉢を生産していたフラワーセンター戸田を閉鎖し、リサイクルフラワーセンターに温室三棟を新設。年間約八万鉢の生産を見込み、新年度からは戸田市民のほか、蕨市民もサービス対象となる。

吉田さんは新施設で「花屋さんと同じ本格的な苗を作りたい」といい、佐藤さんは「天井は開閉式で、壁の遮光も可能なので、将来は大きな鉢も十分作れる」と話す。

吉田さんは「生ごみが〝花〟になり、街に〝花〟が増え、障害者雇用の〝花〟が咲く。環境と福祉の融合で、一石三鳥。障害者が働くことで何かを身に付け、民間雇用の道も開ければ」と語る。

〈資料１〉戸田市の「花のまちづくり」を伝える新聞
〈東京新聞〉（2010年２月21日（日））

つきました。

「戸田市を花いっぱいの町にしましょう」と、私が言い出したときは奇異な目で見られました。花の咲くサイクルが大体3ヶ月くらい。そのタイミングで指定のバケツに入れた生ごみを持ってきてもらい、代わりに花の苗を24ポット分渡します。なぜ24かというと、それが1ケース分だからです。1ポットが100円として、タダで集めたごみが2、400円分の花の苗と代わるのですから大評判です。あっという間に口コミが広がりました。逆に、1ポット分の苗を作るのにかかる経費は6円程度。こうして集まった生ごみで作った堆肥は「戸田の力」とネーミングしました。

この堆肥は市内の緑化に使うだけでなく、友好都市の美里町に運んで野菜作りに使ってもらうと、ジャガイモや白菜など、すごくいいものができます。それを市価よりも安く販売したので市民にも喜ばれました。

(2) 交換する苗は、どのような花ですか？

―花の苗は、どのような種類の花ですか？自分で選択できるのですか？

吉田　一年苗が主流で、パンジー、ビオラ、サルビア、ポピー、ペチュニア、日々草などです。障がい者が育成でき、公園、学校、駅ロータリー、各家庭の庭へ植えやすいものです。

戸田市は市民の平均年齢も当時30代半ばと若く、都心から近いこともあって共働き世帯が多いのです。若い人たちは料理に時間や手間をかけませんから生ごみもそれほど出しません。一戸建てよりもマンションに住む人が多いので、本格的なガーデニングをする人は少ないけれど、ベランダに花を飾りたいという人は多い。そういう人のニーズに合った一年草の苗を多くしています。お隣と一緒に生ごみを持ってきて、花の苗も1ケース24ポットを12ずつ分けてちょうどいい、という感じです。

大事なのは「どんな人でも生ごみをリサイクルして環境保全に寄与している」という意識を市民全体で共有すること。そのシンボルが「戸田の花」「福祉の花」だと思っています。

―4人家族だと、一ヶ月で、バケツ一杯になりますね、月に24鉢の花の苗がもらえるのですか？

吉田　3カ月ごとに24ポットですが、花の交換時には、フラワーセンターに持ってきてもらい、その間の2カ月は、NPOが生ごみを回収して回ります。また持ってこれない人には、NPOが配達します。

写真1

―広がるにつれて、街の中でも花が目立つようになったでしょう。

吉田　どこもかしこも花があふれ、世界のフラワーコンテストに応募し、カナダから審査員が来て、330ものエントリーの中で準優勝になりました。各家庭だけでなく、駅や学校、保育園、幼稚園などにも配りました。例えば駅の壁には、ハングバスケットを設置し、学校には夏休み前にヒマワリを届け、生徒たちが植栽し、夏休みに花開くようにしました。

　また「オープンガーデン」といって、ガーデニングをされているお宅の庭を開放し、町おこしに協力してもらいました。ガイドマップを作り、配布していると、市民同士の交流のきっかけにもなるし、越谷や所沢からも見に来る人が

写真2　オープンガーデン

いて、花を育てる張り合いにもなります。

―公園や道路沿いの空き地のどの公共用地でも花を植えられたと聞きましたが。

吉田　植栽する担当部署から注文が入り、配達しました。

(3)ディズニーランドから専門家をスカウト

―苗はホームセンターなどでは、約100円から200円以上するものもあります。コストを掛けないように種から育てていると聞きました。

吉田　リサイクルフラワーセンターには、温室、発芽室など設備をすべて整え、蕨・戸田衛生センター組合の後ろ2、700坪にログハウス管理棟、堆肥づくり棟、ビニールハウス3棟を設置しました。

―何といっても驚いたのは、花を育てるために、ディズニーランドからプロをスカウトしてきたことですね。

吉田　ディズニーランドの花は、身体障がい者が作っているとのことで、議員、職員、NPOが視察に行き、私の目に留まった彼女にラブコールしました。彼女は、恵泉女学園大学の園芸学科を卒業し、さらに園芸学を学ぶために、ドイツへの留学を考えていましたが、毎日のように彼女に電話し、一方で、市長にはリサイクルセンターを運営するためには、園芸の専門家が必要であることを話し、採用試験の実施によって職員となることを決断してもらいました。

―そしてリサイクルフラワーセンターが作られたのですね。

吉田　環境と福祉のコラボで、障がい者の時給は、県の賃金を参考にし、各作業所から毎日両市（戸田市、蕨市）から計20名と指導員に来てもらうという形で始めました。

リサイクルフラワーセンターでは、

・生ごみ（ぼかし）を味噌状に練り上げ、さらさらの粉状とペレット状のものを作り、
・ポットに入れ、
・花の種を定植し、
・その後霞状の水をまき
・発芽室に入れ
・約1週間で発芽させ、ポット植し成育　したものを、生ごみの交換用や町会、駅、学校などに届けました。

―フラワーセンターでは、障がい者の方を雇用して、運営されているのですか。

吉田　運営に当たり、障がい者は各作業所にいますので、作業所が送迎含めてやっています。その日の体調に合わせて、1日4時間就労をお願いし、4人で一班ごとに、指導員、補助員を組んで作業しています。

「雇用」という形ではないので、各作業所から固定しないで「今日はこの人とこの人」というように派遣してもらいます。リサイクルフラワーセンターの枠が20人なので、毎日交代でのべ月400人、年間4、800人の障がい者がここに

きて働いた計算になります。彼らには指導員がついて種まきとか植え付け、土と堆肥を混ぜる作業などを、障がいの重さや特徴に応じて分担します。そうしてできた苗を、先述したように市の公共施設や側道などに植え、出荷するまでの一連のオペレーションを、ディズニーランドから来たSさんにお願いしました。

2 わき立つ吉田義枝講演会、その報告

ごみ探偵団 ジュリコ

4月10日の集会は「ごみ探偵団」のブログでも参加者のお一人であった「ごみ探偵団」のジュリコさんから以下のように紹介されました。

4月10日講演会（10年）、会場にはぎっしり100人以上の参加者。花で戸田市民に魔法をかけた吉田義枝さん、会場中を笑わせながら、具体的になにをどう考え実際にどう動いたかを逐一披瀝。天地がひっくりかえるほどのいい話でした。自治体の一人の職員の存在が、生ごみ資源化を軌道にのせてしまった。講演会では、韓国の生ごみ資源化についての興味深い話も聞けたのですが、まず今日は吉田さんの話をご紹介。

吉田さんは埼玉県戸田市の職員で、環境部に移動してからごみを扱うようになって今年で9年目（02年〜）。「ごみをできるだけピットに入れない（ごみの減量＝燃やすのに金がかかる）、使えるものはすべて活かすか売る（ごみは資源）、ごみは燃やせば煙になるだけ、燃やさず活かせば空気も汚さず、お金になる」を戸田市のごみ行政で実践されている方でした。

話の内容は、(1)戸田市の特徴、(2)環境部に異動になってから、ごみをどう考えたか、ごみとどうつきあったか、ごみを通して住民たちとどう関係したか、(3)なぜ生ごみ資源化に手をつけたかです。(1)—(3)のすべてが、生ごみと花苗の交換（生ごみ堆肥化）につながっていきます。

(1) 戸田市の特徴

競艇で知られる戸田市は、埼京線で新宿まで30分、人口11万2千人（現在14万人）、市のほぼ全域が市街地で農地ゼロ（農業委員会廃止）。マンションが次々に建てられ、平均年齢37・5歳（現在39歳）と日本全国平均より若い、子どもの数も増えている。出入り人口は年間7千～1万人。「競艇があるため財源的には豊かと見られているが、競艇の売上げは下がっており、夕張は明日は我が身の危機感を戸田市は持っている。でも、現在市の財政は健全で貯金もある」。

「戸田市のゴールは、町おこしして来てくださいではありません。戸田に住んだらもうずーっと住み続けて頂きたい、出て行きたくない、そういう市にすること」。

(2) 環境部に異動後のごみとの取り組み方

①17分別の開始。吉田さんが環境部に異動した02年、戸田市はごみの17分別を開始。環境部（その後「環境クリーン室」に改名）は住民への説明にあけくれたが、実施後毎日住民から100本以上の電話があった。「これは何のごみ?」「なんでこんなことをしなきゃいけないのか?」などなど。それが「6ヶ月後にぴたっと止んだ」「なんで止んだかというと。慣れです。みなさん慣れたんです」。「始めたら勝ちです」。

②特別ごみ（資源ごみ）をお金に。分別してでてくる資源ごみに関して、インターネットで市況を調べ研究、売上げは前年まで200万円ほどだったがそれを年間6千万円に伸ばす。その

半分を住民の自治会に還元し、残りは戸田市に残し、貯金。その貯金の利息にも気をつけて、1円でも利子が多くつくようにし、環境資金として、現在貯金高は2億円になっている。「ごみはお金になる」。「使用済みペットボトルもA、B、Cランクとあり、Aランクのものだけがお金になる、それをどう住民に伝えるか」「市役所ではすべての雑紙を（鼻をかんだ紙以外は）売って年間600－700万円にしている。住民にそれを（雑紙を可燃に入れずに、資源ごみとして出してもらえるように）どう伝えるか」、そういうことをいつも考えている。

③「分別表を毎日見ている」。焼却炉（の維持運営費用）は年間7・8億円。ごみが増えれば、更に金がかかる。ごみの減量はどこをどう工夫したらできるのか毎日考えている。そのために「ピットに出来るだけ入れない」「重いもの（粗大ごみ）はリサイクルできるものはすべてリサイクルする。破砕機にできるだけかけない。修理して売る」。こうした結果、戸田市の人口は増えてきているけど、ごみの量は減っている。

(3) 生ごみ資源化

「生ごみの資源化はどこでもむずかしいが、農地はゼロ、市街地に位置する戸田市のようなところでは、特に至難の業」。「マンションのベランダくらいしかなく、生ごみを堆肥にする農地もなければ、堆肥にしても持って行く場所もない」。「年間1万人近い出入り人口の住人はごみの分別なんか知らないって感じだし」。

にもかかわらず、ピット（焼却炉）で燃やす生ごみの割合は高く、それを減らすために、家庭から出る生ごみと花苗の交換を思いつき、08年にとにかく実行に移す。市民に無料でバケツと1次発酵用のぼかしを貸し出し、リサイクルフラワーセンターに運んでもらう。

花のことは良く知らない吉田さんは、種から苗になるまで3ヶ月かかることも知らず、花苗交換が住民に口コミで伝わり、貸し出しバケツの人気が急騰、交換用の花苗がなくなってしまって、チケットを発行。「今時期が終わって、育つまで少し待ってください。出来たら交換します」と切り抜ける。

また、花育成の専門家がいなければこの事業は成功しないことも予想。そのために、ディズニーランド（子会社で障がい者を雇用して、花を育て舞浜駅からの道路沿いやディズニーランド敷地内でその花を使っている）を視察した時にこの人しかいないと白羽の矢を立てた女性Sさんに毎日電話、口説き落として、スカウトする。Sさんは、ドイツ留学が決まっていたが、公務員試験を受け、蕨戸田衛生センターの職員に。

さらに、当初の花苗育成センターでは規模が小さすぎることも予想、約3億円をかけて本格的設備を建設、障がい者100人と高齢者の雇用も創出。「3億円はかかりましたが、堆肥化装置とかショールームに飾ってあったのを値切ったり、ぎりぎりのお金しかかけていません」「ここで障がい者の方に仕事を提供（時給735円・当時）することで、彼らはグループホームに入るための費用を自分でまかなうことができます」

現在本気モードで生ごみ堆肥化をしています。できた堆肥は花苗センターの他に、野菜用にも販路を増やしている。友好都市の美里町にある農地で使ってもらい、そこで育てた白菜を戸田市や学校給食に活用することも開始。産直「有機野菜」ということで地元にこの野菜の販売希望者がでてきている。また、豚のエサにも生ごみはいいということなので、そちらの方面も手がけたい、と。

活発なQ＆Aがあり、質問も答えも具体的で「生ごみ資源化」を本気で考えている人たちの熱気が伝わって来ました。ちゃんとメモを取ってこなかったので、内容を書けなくてごめんなさい。わたしの隣の席の参加者は川口市の方で、「川口は、戸田の隣なのよ。こんなことぜんぜんやってない。帰ったら、川口でもやるように言うわ」、と。

吉田さんは「あと2年で定年、退職です。今58歳」。「燃やして煙にするために7億8千万円も使ってるんです。その金額を考えたら、ごみを活かしてお金にするのにかかる費用はちゃんと元が取れます」との言葉、耳に焼き付きました。

3 こんな自治体職員が欲しい、吉田義枝方式

青木 泰

(1)「焼却炉でごみを燃やすのは、札束を燃やすようなもの」

私、青木が吉田義枝さんを〝発見〟したのは、有機資源堆肥化協会が、毎年1回早稲田大学で持つ報告会でした。吉田さんは、「焼却炉でごみを燃やすのは、札束を焼却炉で燃やすに等しい」と話されていたのを今でも覚えています。自治体の職員らしからぬ過激な発言に感心し、早速吉田さんに連絡をとり戸田市に駆けつけました。そして、屋上ガーデンなどの取組みの他、花の苗との交換の実態を詳しくお聞きしました。

そうして開いたのがごみ探偵団のジュリコさんの報告にあった吉田さんの講演会でした。田無市の福祉会館の会場を借りた講演会。主催者側として、はっきり言って集客に困りました。講演会は、「生ごみで花一杯の街づくり」と演題

を付け、魅力あふれるイベントでしたが、講師はどこかの大学の先生や有名人ではなく、肩書は自治体の副主幹、管理職。市民の皆さんが、役所の職員が面白い話をするはずがないと考えているのでしょうか？　講演会や学習会は、集客に時間がかかり、難しかったのを覚えています。

しかし講演会は、ジュリコさんのご報告にあったように大盛り上がりでした。はやりのパワーポイントを使うわけでもなく、マイク１本で2時間、報告にあるように、参加者は、吉田さんの一言一言に、うなずき、笑い転げ、講演会が終わった時には、もう終わるのかといったどよめきが沸き起こったんです。

こんな人が私の街の市長だったらよかったのにという声も聞こえてきました。

この講演会の後、参加者の5～6人が戸田市に出かけ、戸田市への見学会を企画したり、自分の街で吉田さんの講演会を持ち、瞬く間に戸田市の取組みは伝わったといいます。

吉田さんは、従来の役所の職員像からはかけ離れた存在です。言葉で表せば「高い目標をもって仕事をしていること」「目の前の常識にはとらわれないこと」「市民を良く知っていること」「人と人のつながりを掴んでいること」「ものの本質をつかむことに優れていること」「ごみは、資源、お金になる」など、枚挙にいとまがない優れた方です。失礼ながら、自治体職員にはまれな資質は、どのように育まれ生かされたのでしょうか。着目点ごとに質問させていただきました。

(2) 吉田義枝方式とは？

―『高い目標の保持』「戸田市のゴールは、戸田に住んだらもうずーっと住み続けていただきたい、出て行きたくない、そういう市にすること」。一人ひとりの職員が、部門を超えた高い

目標を持って役所の仕事についてくれるのは、理想的な話です。このような職員が要所要所にいれば、市長は昼寝していても、市はうまく回りますね。

吉田　その時の私の上司は、「吉田は〝放牧し〟時々報告させています」と言っていました。私の場合、障がい者にやさしい街をということが根っこにあります。

例えば作業所が作られても、そこに入れるのは、50人。親がいなくなるとその先が心配になります。時給50円では、障がい者は生活の上で自立できません。しかし、例えば戸田市の3駅（戸田駅、北戸田駅、戸田公園駅）では、障がい者に清掃を頼んでいますが、各駅ごとに、年1、000万円を予算化し、働きに応じた対価を支払っています。

市長は、頭を指差してよくこう言っていました。「お金があればいろんなことができるのは当たり前。そうじゃなくてここを使え」と。そこで考えたことが「花一杯の街、戸田」のプランです。これは市長の亡くなった奥様が「花街道」というコンセプトに共感していらしたことからも話が進みやすかったのかもしれません。それ以外にも、古紙で作ったトイレットペーパーを「戸田ロール」と銘打ってブランド化しました。

――『常識を越える』ごみは、収集ステーションやスポットに出しておけば、行政が集めてくれる。それが当たり前のところに、生ごみは別枠でバケツに入れて持ってきてほしい。吉田さんは常識にとらわれない提案をしました。その提案を聞いた男性職員は、そんなことに応募する市民はいないと話したそうですね。

吉田　最初は、20個か30個のバケツで始めてみましょうと話しました。1個1万円かかっても、20～30万円で済みます。ところが、生ごみぼかしを市に持って行けば、花がもらえると有名になり、あっという間にバケツの数が増えました。

―『現場に立つ』　花との交換に、市民は興味を示しました。市民のことを良く知っている。ボトムアップ型の提案には不可欠な感覚と思います。

吉田　市民のことを良く知っているというより、自分だったらどうするかを、ごみの分別表をいつも見ていて考えていました。思いつけば、その先を見据えてストーリーを考え、自分でなくとも誰にでもできる形にして提案します。

何かを始めようと思ったら、その現場にはどこであろうとも足を運びました。ごみ処理の現場である焼却場はもちろんのこと、堆肥「戸田の力」を使った野菜作りを始めた時には、美里町の畑まで行って自分で白菜の種を植えました。「役所の人がそこまでするなんて」と驚かれましたが、実際にやらないと人は着いてきません。

―『楽天性』　ディズニーランドのプロをスカウトするという発想。これもありきたりの役所には見られないことですね。

吉田　最後には、あなたの人生だから、留学するのか、戸田市の公務員になって園芸の仕事をするのか、必ずご両親に聞いたうえで、判断してくださいとお願いしました。

―『市民第一』　先ほどの住み続けたくなる戸田市という高い目標に加え、ごみ問題での要点、生ごみの減量化の要点を掴まれていると思いました。見た目には、大胆で、思いがけない提案に見えても、方針は揺るぎないのですね。

吉田　達成するためには、どうするか。市民に喜んでもらうためにはどうするかを常に考えています。やはり市民第一です。例えば、雨の日に粗大ごみのチケットの購入にきた市民に「足元の悪い中、市においでいただきありがとうございます」と挨拶し、どこの部署に用事があるかを聞き、案内したりもします。市民との関係を密にすることが一番大事だと。

——『ぶれない』目標を達成することに対してなぜぶれなかったのですか？

吉田　それは達成した先に市民の喜ぶ姿を信じられるからです。そしてそれは、私の福祉職としての経験が原点にあるからだと思います。先述したように、首都圏では障がい者が受け入れられる場が非常に少なく、両親が亡くなると生まれ育った場所から遠く離れた施設に入所するしかないという現実がありました。それを目にして「戸田は障がい者がいつまでも住み続けることができる優しい町でありたい」と思っていて、そのためにはどうしたらいいか、と考えていたのです。

——『ごみは資源、お金になる』そうはいっても、自治体組織である以上、予算は市民の税金から出ています。国立や大手企業の研究機関のように余裕のある予算がありません。お金の帳尻を組み立てるのは、必要になると思うのです

写真３　牛乳パックから作ったうちわ
ごみを資源にするだけでなく、絵は中学生の絵を採用し、戸田市のふるさと祭りのイベント用のグッズとして、取り扱ってもらったりと、工夫の跡が随所にみられる。

が。

――マイバッグ、うちわなどの取組みをどのようにされたか教えてください。

吉田　処理場（衛生センター）に何億円もかけて税金を投じるなら、分別してリサイクルを徹底させることが大事だと思います。それは、環境保全のためになるだけでなく、雇用も生み出すことがあり、いろいろな可能性を秘めているからです。

ペットボトル2・5本分で作ったマイバッグをワンコインで販売する、というプランを出しました。女性が喜んで持ってくれるように、機能性も考慮してデザインも凝り、5色でラインナップしました。町会を通じてなら5千枚は売れるだろうと計算していたのですが、蓋を開けてみれば2万枚売れたのです。それは洋服の色にあわせて何枚も購入してくれる人がいたからだと聞きました。その他お金のことを考えるというよりは、資源化によって何を作るか、目に見えるようにしてきました。その他、雑紙から戸田ロールを作り、牛乳パックからうちわを作ったりして、町会や市民に買ってもらいました。

――『参加型取組み』資源化したマイバッグやうちわを皆さんが使うようになれば、資源化、ごみの減量化に向けての市民の皆さんの意識が高まりますね。

吉田　そのこともあってか、人口が増えている割には、ごみは増えていません。

――仕組みの維持、未来への懸け橋、そしてリサイクルフラワーセンターの企画と建設、この組織は、吉田さんが定年退職した後も、稼働し続いているのですね。

吉田　はい。ありがとうございます。

4　吉田さんの本音＝出過ぎた杭は打たれない

(1) 父親から〝英才教育〟

吉田さんのお話をお聞きしていると、目の前に立ちはだかる難題は、壁ではなく、工夫して乗り越える課題として見ていく視点を持たれているようである。そのルーツと、生き方のノウハウ、そうした中でも苦労したお話をお聞きした。

―吉田さんが、福祉畑の仕事から環境部に配置転換になった時、環境部に女性が配属されたのは、初めてだと聞きました。改めて考えるとどこの自治体も、環境部に女性の職員を見たことがありませんね（多摩ニュータウン環境組合の江尻京子さんがいますが、彼女もＮＰＯとして、同組合の管理を任せられていました）。市民と一番接触する部門が、上位下伝のために便利な男性職員を配置していたということでしょうか。

吉田　役所では、新しいことを始めようとする時には、それがどんなことであれ、やっかみや足を引っ張る言動をする人が出てくるものです。花の苗を配り始めた時も「なんで花なんか」と言われ、フラワーセンターを開設したときも「そんなものを作ってどうするんだ」とも言われました。私が引き抜いたＳさんに対しても風当たりが強かったのではないかと心配もしましたが、10年経った今では結婚もされ、お仕事も続けてらっしゃいます。

―吉田さんの特異なルーツは。お父さんの教育があったと聞きますが。

吉田　父は、パンの型を作っていました。姉ではなく、私を跡継ぎにと思っていたようで、商売先にも小学生の私を連れて行きました。途中で、地下鉄の長所と短所を3つずつ答えるように尋ねたりする父でした。例えば仕事の募集で、当時としては破格の1日1万円で行い、応募者がたくさん来ました。1万円出しても、2万円の仕事をしてくれる人を選べばよいと話していました。また仕事がうまくいくのはマネージメントが大切というのを覚えました。

市役所であっても同じセンスが必要かと思います。役所にとって市民は顧客。お客さんから預かったお金でより良いサービスを提供する、そこに知恵を絞るのは民間企業と同じです。無駄遣いをしてはいけないのはもちろんのこと、必要なところにはしっかり予算を取ることが大事。「倍返し」という言葉が流行ったけど、使ったお金の倍を稼ぐということをしていけばいいんです。

(2) 男性が支配する職場で、出過ぎた杭に

―男性が管理職を占め、指示命令を担っている職場では、女性職員というだけで、嫉妬や妬みなど大変だったと思いますが。

吉田　離婚した後、にこにこしていると新しい男ができたのかと言われました。人の不幸は蜜の味というたぐいの話でした。

ある時、窓口に「この税金泥棒！」とくだを巻く人が現れました。その時、私が対応して「一体誰のことをおっしゃっているんですか？　他の課は知りませんが、この環境整備課には税金泥棒なんて一人もいませんよ」と答えました。その時の男性職員は上司を含め、みな見て見ぬ振りで、誰も庇ってくれる人はいませんでした。それでいて後から「(吉田は) 強い女だなぁ」なんて言うので「あなたって弱い男ね」と言ってやりました (笑)。

―出る杭は打たれるが、出過ぎた杭は打たれない。これがモットーとか？

吉田　自分に言い聞かせての毎日でした。戸田市での環境政策が成功し、モデルケースとして注目されるようになると、国会にも呼ばれました、他の自治体にも呼ばれて話をすることがよくありました。担当の方は「うちの役所は今ひとつ覇気がないので刺激を与えてください」と言われるのですが、覇気がないのは現状に満足しているからで、それ自体は悪いことではないと思うのです。

でも、守られているからこそ挑戦できることもありますよね。特に「環境保全」ということは誰からみてもいいことに間違いありません。行政の正規職員は安定していて滅多なことでは解雇されないのですから、小さなことでもいいので勇気を持って変えてみましょうとお話ししています。ひとつ変えたらまた次の展開ができますし、それは必ず大きな流れを作り出します、ということをお話ししています。

―吉田さんのお話では、「札束を燃やす」、「環境部に女性が初めて」という他、市長が「吉田は、放牧させている」と言ったことには、笑ってしまいましたが。

吉田　放牧していただいたおかげで、自由にできました。例えば、紙を市で資源回収すると売却益が出ます。その半分は、回収に協力いただいた町会にお返しして、残りは環境基金に。それは環境保全のために使えるし、災害時の備えにもなる。こうして税金の使い道を他に回すことができるということを市民の方々に地道に伝えました。

「他ではやってないのにどうしてうちだけが分別しなきゃいけないの？」と言う人もいましたが「人のことを見ていては環境を守れません。あの人がやらなくても私だけはやろう」という行動の積み重ねで、11万の市民に意識を変えて

写真４　街の中の花壇とその手入れ

もらうよう訴えました。その結果、私が辞める時点で２億円の留保があったと聞いています。

(3) 花の育成に障がい者雇用

―リサイクルフラワーセンターは、多くの障がい者を雇用していると？

吉田　屋上緑化の件で、カナダのバークレー大学でごみで講演した帰りに、その近くの園芸セラピーで障がい者が花づくりをしていたのを見学し、それを戸田市に取り入れました。

そもそものきっかけは、市庁舎で屋上緑化を成功させたときのことです。この屋上緑化も、生ごみからの堆肥、布から作った人工芝、廃ガラスやペットボトルから作った玉砂利などリサイクルの素材で作り上げ、それに興味を持ったバークレー大学の建築工学科から招待してもらいました。当地では障がい者による園芸セラピーを視察したんですが、私はもともと福祉職だったこともあり、これに非常に関心を持ちました。

というのは、障がい者雇用というのは大きな課題だということを経験的にわかっているからです。特に精神障がい者、知的障がい者は養護学校を出ても行き場がないのです。だから帰ってから市に「ぜひこれを取り入れましょう」と提案し、予算をつけてもらいました。

リサイクルフラワーセンターでは蕨(わらび)市と戸田市の障がい者を一週間でのべ100人(20人×5日)雇用し、それぞれの行政が割合に応じて費用を負担して運営しました。最盛期では花の株を年間25万ポット作り、学校や公園、駅のロータリー、公道の花壇など、他にも町会の要望に応えて苗を植えました。予算は時に国土交通省からもつけてもらいましたよ。こうして「花いっぱいの街、戸田市」を作っていきました。

—今は花の勉強に通っていると伺いましたが、将来計画は?

吉田 昨年園芸福祉の資格を取り、障がい者施設の花壇を年間を通して、植栽・管理し、もっといろいろなところの植栽を、障がい者とやっていきたいと思います。

—最後に一言。

吉田 ごみは、宝、お金になります。

—後輩たちに対して

吉田 毎日毎日取り組んで、ふと振り返ってみたら、そこはきれいな花のロードになる。

—SDGsが注目されていますが、これについても。

吉田 各々の市は、ごみの分別ルールを定めています。まずはそのルールに基づき、分別をするようにしてください。

—ありがとうございました。

(青木)

プロフィール

吉田　義枝

某大学付属の幼稚園教諭として、１年間勤務。
1973年（昭和48年）埼玉県戸田市役所に勤務。
福祉事務所で20年間、その後、環境クリーン室在職。副主幹。
環境クリーン室在職中に、下記の事業を実施。

・ごみの分別による減量化（17分別）。
・生ごみの堆肥化。
・生ごみバケツと花の苗24鉢交換事業。
・リサイクルで屋上緑化商標登録（フェルトガーデン戸田など）。
・ペットボトル再生マイバッグ。
・牛乳パックによるうちわ。
・雑紙からティッシュボックス。
・雑紙から戸田ロール。
・リサイクル製品化推進。
・花のまちづくり設置（カナダで“世界花のコンクール”で344ヶ所中、準優勝）。
・“ジャパンフラワーフェスティバルさいたま”で金賞受賞。“華かいどう21”。

国土交通省とのコラボレーション。
・オープンガーデン設立（市内の個人宅43ヶ所）。
・障がい者雇用の拡大（駅の清掃活動３駅）。
・ボランティア育成など環境教育の促進。
・60歳で定年後、４年間環境の専門員として勤務。
・退職後は、NPO「はななかま」設立。

写真
http://eritokyo.jp/independent/ikeda-col1060.html

あとがき

女性たちが築いてきた足跡をまとめて出版したい、本書の発刊を当事者の皆さんに提案し、編集準備に入ったのが11年初めだった。その直後の3月11日、東日本大震災と原発事故があって、私自身の生活が一変した。

福島第一原発が爆発事故を起こし、放射能汚染の怖れのある災害がれきを、全国の市町村の焼却炉で燃やし、埋め立て処分する「がれきの広域化」計画が発表された。「汚染物は、集中的に管理し拡散しない」という、汚染処理の原則に反する計画だった。その反対活動に取り組み、数年の闘いの後、『引き裂かれた「絆」がれきトリック環境省との攻防1000日』（鹿砦社）として上梓した。そんなこともあって、発刊が遅れてしまった。

10年経過した中で、環境問題を取り巻く状況は明らかに変わっていた。地球温暖化の影響は、大雨や洪水、その一方で、干ばつ、飢饉をもたらす気候変動につながり、環境問題は、世界の問題となっていた。また海洋廃棄されたプラスチックが、マイクロプラスチックになり、フランスの研究所では、ムール貝を調査したところ、100％混入していたことがわかり、私たち人類の生存を脅かすまでになっていることが発表された。

環境問題、特に身近なごみ問題は、否応なく、私たちの関心事となっていた。

08年、私が『プラスチックごみは燃やしてよいのか』（リサイクル文化社発行）を上梓した時、作家の落合恵子さんが「『いったい、私に何ができるか？』環境問題、エコロジーな活動を前にすると、足踏みしてしまう多くの『私たち』がいる。その答えがこの本にある。すべては『ひとり』から始まる」と推薦文を書いてくださった。

落合さんが、書かれているように、当時「環境問題」というのは、多くの「私たち」にとって、敷居が高く、影響が深刻化することがなかなか見通せないものであった。「私たち」は二の足をふみ、様々な環境問題は、「ひとり」やごく少数で取り組んでいた。

しかし、今は、環境問題は人類の存亡にかかわり、避けて通れない課題、多くの人が取り組まなければならない課題として認識されてきている。

国連では、30年までに解決を目指す開発目標、「誰一人取り残さない開発目標」ＳＤＧｓが示され、ＳＤＧｓの中では、環境問題が、災害や飢饉をもたらすことにより、貧困や差別、人権無視などへの悪影響をもたらす危険を考え、人権問題、ジェンダー平等への取組みも、持続可能な世界のための世代を超えた目標となった。

発刊は10年遅れたが、今の地球環境の危機には、かろうじて間に合ったと言える。

この本で紹介した、坪井さんや中村さんが提案したごみの分別のルールや有料化は、全国の自治体で大半が導入し、ごみの抑制策として定着してきている。

園田さんら古紙問題市民ネットワークが守った古紙やビン、缶資源の回収の仕組みは、やはりごみの抑制策として生き、これらは日本標準となり、今後ごみ処理の世界標準となると私は予測している。

生ごみを燃やさず堆肥化による資源化に加えて、メタンガスを発生させ、発電利用する資源化や、好気性の発酵によって消滅処理する方法は、加納さんらの努力に、道が開けつつある。生ごみは、燃やすごみか？と言い続けた福渡さんらの生ごみリサイクル全国ネットワークの活動が、後押しし、生ごみを燃やすという地球の温暖化を促進させる〝罰当たりな処理〟は、おそらく早晩なくなるであろう。

ごみの焼却処理がもたらす環境や健康（特に喘息）への疫学調査方法を見つけた西岡さん、松葉に蓄積したダイオキシンを測り、植物を大気中の汚染濃度の指標とする測定法を確立した池田さん、これらは今後、文句なしに世界各国から注目を浴び、環境保全の手段として取り入れられることになると思われる。

壊れたお茶碗を、再生食器にする江尻さんらの取組みに加え、生ごみの資源化をきっかけに、街中を花一杯にするという吉田さんらの夢多き実践。そこで進められる障がい者雇用。環境問題は現下の危機を考えた時、深刻な問題であるが、楽しさや充実感に満ち溢れた取組みになっている。

9人の女性を取材し、わかったことがある。

9人が行ってきた一つ一つの実践は、これまで、前例がなく、一朝一夕で実現できたものではないことがわかった。そしてそれを可能にしたのは、①とっかかりは、自分一人でも取り組み始めるという迷いのない意志、②女性たちが持つコミュニケーション能力と、③多くの支援者の存在と連携、④貫く「もったいない精神」そして⑤誰一人取り残さない人権意識があるように感じた。

今回は、ごみ問題と9人の女性にスポットを当てたが、この本を読んで、「私も9人のようにすばらしい人を知っている。ごみ問題に限られず社会問題の中から紹介したい」という声があちこちから上がり、色々な形で紹介され、私たちの現代史を彩ることを期待したい。そうした中で、世代が残した次世代に伝えたい本当の現代史が浮かび上がってくると思う。

この本の編集に当たって、9人の皆さんの書きものや新聞記事などにあたり、また直接インタビュー取材させていただき、皆さんが取り組み、残してきた実績に、改めて大きく心を揺さぶられた。

国の政策は、環境政策に限らず、この9人のように、現場を知り、現場の中から発想を発展させ、ボトムアップ型に積み上げる方法で作り上げられれば、その政策は、(さらに普及するための法制化も、その後の定着も)うまく行くのだろうと考えた。

また皆さんが言われるように、廃棄物問題は、環境問題の根幹をなすだけではなく、ものを生産する時には、消費の後の、廃棄・資源化まで考えて作りあげていくことが必要であり、いまＳＤＧｓで求められていることが、そのような社会であることを考えると、９人の足跡は、世界各地でＳＤＧｓを実現する時に、参考になるものだと考えた。オリンピックやワールドカップで見せる日本人のごみの収集や片付け、それ以上のインパクトをあたえるに違いない。

もう一度、この本を振り返り、９人の女性の素晴らしき実践を、味わっていただきたい。

なお最後に、この本の出版に当たり、10年前に企画したにもかかわらず、昨日依頼したように再開とご協力をお願いし、気持ちよく引き受けていただいた皆さんに改めて、感謝したいと思います。また、故加納好子さんの娘さんたちには、このような形で出版することに、ご協力、ご了解をいただき、紙面に反映することができました。ありがとうございました。

そして23年9月23日に、本書の最初の登場人物である坪井照子さんが亡くなられた事を報告しなければなりません。最大限の弔意と共にこの本の完成をささげます。

また出版に当たっての編集作業に、ご協力いただいた藤宮礼子さん、イマジン出版の皆さんに感謝したいと思います。

環境ジャーナリスト　青木　泰

2000～	2010～
△韓国生ごみ埋め立て禁止法成立 05 ○保谷市・田無市と合併し西東京市に 00 △ダイオキシン特措法施行 00 △食品リサイクル法 00	△プラスチック資源循環法施行 22 △レジ袋有料化法施行 19 ●グレタさん(16才)国連サミットで涙の訴え 19 ●SDGs採択 15 ○東日本大震災・福島原発事故 11
・保谷リサイクルショップ「私たちのお店」開店 (00～) ・「NPOごみ問題５市連絡会」(00～)	・「生ごみ100％資源化プロジェクト」設立 (10～)
・廃棄物資源循環学会理事 (00～) ・ごみ減量カレンダー (05)	・同学会、廃棄物計画研究部会長 (11～)
・中央環境審議委員 (04) ・志木市環境市民会議委員 (07～)	・市民グループ・ナチュラルライフ (20～)
・「家庭系食品廃棄物リサイクル研究会」などの会員	・生ごみカラット開発 (15～) ・「生ごみは可燃ごみか」(幻冬舎ルネッサンス新書) (15)
・生ごみ堆肥化プラント (03～) ・堆肥化センターHDM 方式 (09～)	
・焼却炉周辺の小中高の喘息調査 ・横浜市2ケ所の焼却炉廃止 (05)	・横浜市3ケ所目の焼却炉廃止 ・廃棄物資源循環学会で喘息問題発表 (14)
・国際ダイオキシン学会発表 (01) ・朝日新聞「松葉で見えたダイオキシン」(02)	・松葉調査データ各地活用 ・がれきの広域処理代替案
・「食器リサイクル全国ネット」設立 (05～) ・食器回収事業開始 (06～)	・東京都廃棄物審議会委員
・ごみの17分別開始 (02～) ・屋上緑化 (世界コンクール第2位) ・生ごみと花の苗との交換 (08～)	・オープンガーデン ・リサイクルフラワーセンター開設

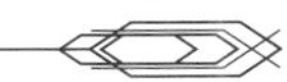

9人の女性の活動年表

年	～1980～	1990～
世の中の動き・法制度	●気候変動に関する政府間パネル（IPCC）設立 88 ○都市ごみ焼却場におけるダイオキシン生成問題・立川涼教授発表 83 ○沼津方式始まる 75～	○大阪府能勢町焼却炉周辺の土壌高濃度汚染 98 ●京都議定書・採択 97 △容器包装リサイクル法施行 97 ○くぬぎ山高濃度ダイオキシン検出 95 ○ダイオキシン国際会議・京都 94 ○古紙暴落 92
坪井 照子 （保谷市）	・市議会議員1期目当選（80） ・2期目トップ当選（84）	・可燃ごみ週2回収集制導入（91～） ・「ごみゼロを目指す会」結成（94） ・「廃棄物処分場問題全国ネット」結成（94）
中村恵子 （伊達市）	・ごみ有料化（87） ・ごみシンポジウム開催（88）	・読売論点（有料化論）発表（90）
園田真見子 （志木市）		・古紙問題ネットワーク結成（93～） ・同事務局長（93～99）
福渡和子 （世田谷区）	・「リサイクル型社会をめざすせたがや区民の会」設立（89）	・月刊廃棄物リポーター（94～） ・「生ごみリサイクル全国ネットワーク」設立（98～） ・生ごみの資源化―請願（98～）
加納好子 （宮代町）		・町議トップ当選（91,以降4期） ・生ごみ堆肥化推進委員会（93～）
西岡政子 （横浜市）	・横浜ゴミを考える会設立（86）	・ドイツ・スウェーデン視察（93） ・「栄工場のゴミを考える会」設立
池田こみち （練馬区）	・環境総合研究所設立（86）（副代表）	・市民参加による松葉ダイオキシン調査開始（99）
江尻京子 （多摩市）		・ゴミニストとして活動 ・「東京・多摩リサイクル市民連邦」結成（93～）事務局長
吉田義枝 （戸田市）		・戸田市環境部勤務（93～）

用語解説

・坪井　照子

廃プラ　廃棄プラスチックのこと。

可燃ごみ　燃やせるごみのこと。市町村によって分別の仕方が異なっているが、大きくは、「可燃ごみ」「不燃ごみ」「資源」に分けられる。燃やせるごみには、生ごみ、紙ごみ、紙おむつなどに分けているところが多い。

不燃ごみ　燃やしてはいけないごみ。食器などの陶磁器、バケツ、屑籠、ハンガーなどの廃プラ、フライパンや鍋などの金属類、靴や鞄などの革製品等。

資源　雑紙（お菓子類の箱、包装紙、紙袋など）、新聞紙、雑誌、布、金属類、ビンなど。

3R　Reduce（リデュース）、Reuse（リユース）、Recycle（リサイクル）。

新制高校（新制中学）　戦後48年に戦前教育制度を変更。旧制中学（5年）は、高等教育機関の進学を主目的とした男子のみの特権的な中等教育機関。新制中学は、小学区から全員進学可能、新制高等学校は、①学区制②男女共学③総合性が、基本となった。

有価物　商品流通している物のこと、値段が付いた価値のあるもの。有償物ともいう。

逆有償　入手するための支払額より、運送代金や処理費用が上回る場合、逆有償という。ここからお金を支払わないと取り扱ってくれないものを、有価物とは、真逆の逆有償物といい、廃棄物、ごみの基本定義としている。

ダスト・ボックス　町の中のところどころに設置した蓋つきのごみ箱のこと。住民は、いつでもごみを捨てることができた。その毎日収集から、隔日（週3日）収集、週2日収集と変わっていった。

カレット　ガラス製品をリサイクルのために、破砕した「ガラスくず」のこと。ビール瓶や酒瓶などは、これに対して生き瓶といい、回収してリユースしている。

井手敏彦（1919〜2004）　元沼津市長。それまでごみは、「可燃」「不燃」と分けられていたが、そこに「資源」として分別する方法を提案。ごみを減らし、資源として回収する方法を実施し、沼津方式と言われた。

レジ袋　買い物を包むプラスチックの袋。この利用を減らし、環境問題を訴えるためにレジ袋の有料化が実施され、一方でマイバッグやレジ袋の再利用が進められる。

拡大生産者責任　ＥＰＲともいう。ＯＥＣＤ経済開発機構が提唱した概念で、「製品に対しての生産者の責任が、製品のライフサイクルの使用後まで拡大される」という環境政策上の手法。廃棄物処理の責任は、今の地方自治体から生産・事業者がもつべきという考え方。

バルディーズ研究会　ＮＰＯ法人循環型社会研究会。次世代に継承すべき自然生態系と調和した循環型社会の在り方を地球的視点から考察し、市民、事業者、行政のそうした取組みの研究、支援、実践のための交流を行う団体。

・中村　恵子

指定袋式従量制有料化　袋の大きさ、中に入れることのできる従量に応じて袋の値段を高くすることによって、ごみの減量化を図るようにした有料化。

その他プラ　容器包装リサイクル法で定められた容器包装のうち、ペットボトル以外のもの。たとえばレジ袋や発泡トレー。

プラスチック新法　3R＋Renewable（リニューアブル）。容器・包装・製品の原材として使用されているプラスチックを、再生可能な資源（木・紙・バイオマスプラスチックなど）に切り替えていく。特に廃プラは、①容リ法の処理にのせて、再商品化するか②市町村が独自（単独もしくは共同）に再商品化することを謳う。

・園田真見子

静脈産業　動脈産業の反語。資源採取→商品加工→販売→消費の流れが動脈産業の流れ。これに対して廃棄→収集→中間処理（焼却や破砕による減容化）→最終処分（埋め立て）などを静脈産業という。廃棄したものを資源として活用してリユースやリサイクルを図るのも静脈産業に入れる。

チリ紙交換　廃棄される新聞紙や雑紙などに加え、瓶や缶などを住宅地を回って回収する事業。昔はリヤカー、軽トラなどで回収。起源は江戸時代に逆上る。

建場（たてば）　廃品回収業者の問屋。集められてきた古繊維（布）、金属、本、雑誌などを仕分けし、買い取る。江戸時代の宿場と宿場の間にあって、旅人、人足、駕籠かきなどが休息する場所が語源。

集団回収　ごみを分別リサイクルし資源として売却する方法の一つ。市民団体や自治会、福祉団体などが集団で特定の資源物を回収すること。行政が回収費用の一部を補助したり、それらの集団が売却費用を集団の活動に利用する。

グリーン購入　物品を購入するにあたり、値段や品質、利便性、デザインだけではなく環境負荷を小さくすることを考えた購入方法。グリーン購入法は国や行政が率先してそのことを推進する法律（00年5月）。

エコマーク　環境に役立つと認定された商品に付けられたマーク。

オフィス町内会　東京のオフィス街を中心に、古紙の共同回収に取り組んでいる環境NGO（非政府組織⇒

民間団体）。

ライフサイクルアセスメント　大規模開発等に用いられる環境アセスメントに対して、個別の商品の製造、輸送、販売、使用、廃棄、再利用の各段階での環境負荷を明らかにする手法。

・福渡　和子

ＥＭ　Effective（有用な）Microorganismes（微生物）。乳酸菌や酵母、光合成細菌など人間にとっていい働きをしてくれる微生物の集まりの事。

食品リサイクル法　食品廃棄物について、リサイクルすることを定めた法律。食品の加工メーカーやレストラン、ホテルなどから排出される食品残渣を飼料や堆肥などにして、再利用を図ることを定めている。当初の目標は、20％。

豊橋市における生ごみのメタン発電　40万都市の豊橋市は、生ごみを下水とマンション汚泥の処理槽に投入し、メタン発酵させ、取り出したメタンから発電し、年間約3億円の売電収入を得ている。生ごみは、各家庭からほぼ１００％回収。

・加納　好子

久喜・宮代衛生組合　久喜市と宮代町が作った、ごみの中間処理（焼却や破砕などによって減容化を図る）組合。自治法上は、特別地方公共団体。一つの自治体でできないことを、複数の自治体がその目的のための作った自治体、○○組合と言い、議会も、監査委員会等も持つ。本誌では、そのほか、柳泉園組合（構成市、東久留米市、清瀬市、西東京市〈旧保谷市、田無市〉）や蕨・戸田衛生組合（構成市、蕨市・戸田市）、多摩川衛生組合（構成市、府中市、多摩市、八王子市）、東京23区清掃一部事務組合（構成市、東京

23区）等が記載されている。

ダイオキシンの排ガス基準　ダイオキシン特措法によって、示された排ガス基準は、０・１ng/Nm3。これに対してそれまでの基準値（暫定基準値）は、80ng/Nm3であった。

ダイオキシン特措法　ダイオキシンが人の生命・健康に重大な影響を与えることを考えて、環境汚染の防止や除去を定めた法律、正式にはダイオキシン類対策特別措置法。

日本の巨大焼却炉メーカ　日立造船、三菱重工、日本鋼管（後にＪＦＥ）、タクマ、石川島播磨重工業。東京都の指名業者となり、ダイオキシン問題の後、国のダイソール政策（連続化、大型化、広域化）によって、全国に焼却炉を建設。談合の摘発を受け、最高裁で談合があったことが確定した。

ＨＤＭ方式　食品等の有機物を好気性の菌床を利用して、炭酸ガスと水蒸気に変え、ほぼ消滅させる方式。従来は嫌気発酵菌を使う堆肥化。

アースクリーン方式　食品残渣等の生ごみを、ディスポーザで粉砕し、掬いあげた固形分を好機発酵させて、下水処理する生ごみ処理方式。㈱アースクリーンが提案した処理方式。

柳泉園組合　ごみの焼却等を担うごみの中間処理組合（Ｐ２６３参照）。

・西岡　政子

学校健康調査　小中高等の学校で、毎年行われる学校保健安全法に基づく、健康調査。身長、体重、視力、聴力、内科、歯科検診、アトピー、喘息等の調査。

喘息の被患率　「喘息の患者数÷生徒数」。「喘息の患者数÷被検査生徒数」は罹患率。

・池田こみち

東京23区廃プラ焼却への変更　東京23区清掃一部事務組合は、それまで不燃ごみとして埋め立て処分場に処分していた廃プラを、埋め立て場のひっ迫を理由に、可燃ごみに切り替え、東京23区では、約半数の区が、廃プラを含むごみの全量焼却に切り替える。その一方で三多摩地区の市町村や都区内の大半は、これまで通りに廃プラは、容器包装リサイクルで処理したり、不燃ごみとして取り扱う。この際、国は、廃プラは、燃やしてそのエネルギーを電力回収する方針を示し、この東京23区の愚行を後押しした。廃プラは、化石燃料によって作成されたものであり、その焼却により発生する炭酸ガスは、温暖化ガスとなり、日本の首都で、生ごみの焼却と廃プラ焼却によって、温暖化を推進している。

ＥＲＩ　㈱環境総合研究所。環境科学や政策のシンクタンク。

・江尻　京子

東京・多摩リサイクル市民連邦　93年に三多摩地区で結成。行政も生活者市民もまた事業者も、大学の研究者も立場の違いを超えて、一市民として同じテーブルについて、意見を交わし、ごみ問題の解決に向けて知恵を絞ろうという理念のもとに出発した市民団体。毎年「とことん討論会」を持ち、テーマごとの分科会や数百人が参加した全体討論会を持った。この活動は、東京23区や埼玉などでも行われていった。

おちゃわんプロジェクト　陶磁器製食器のリサイクル全国ネットワークの事。

岐阜県セラミック研究所　研究所の長谷川善一研究員らが、食器のリサイクルのための基本的な技術開発を行い、おちゃわんプロジェクト発足の準備をした。

Ｒｅ食器／美濃焼き　美濃焼は現在、国内における焼き物のシェア率60％。岐阜県東濃地区、日本最大の陶磁器生産拠点で作られた焼き物。

グリーンライフ21・プロジェクト　美濃焼の地で誕生し、環境に配慮した陶磁器産地の形成をテーマに地元の企業や試験研究機関が97年に設立。Ｒｅ-食器を作る製陶、Ｒｅ-食器を流通させる卸売りなど、陶磁器を資源循環・リサイクルさせるためのプロジェクト。陶磁器を資源循環させるための一連の企業が集う。美濃焼きの工房で作ったリサイクル品をＲｅ食器という。

Ｒｅ瀬ッ戸（りせっと）／瀬戸焼　瀬戸焼は、愛知県瀬戸市を中心に作られる焼き物の総称。瀬戸は東濃地区に隣接し、陶器と磁器の両方を手掛ける。大量に生産し、安く普及したことで、陶磁器の食器の事を瀬戸物というようになった。瀬戸焼の工房で作ったリサイクル品をＲｅ瀬ッ戸（りせっと）という。

・吉田　義枝

リサイクルフラワーセンター　蕨市・戸田市・蕨戸田衛生センター組合が協調し、環境共生を理念に６つの目的をもって設置された。循環型社会の構築、美しい街づくり、障がい者、高齢者の雇用促進、子どもたちへの生きた環境教育現場の提供、環境ボランティアを促進する場の提供。市民自らが分別して、家庭で一定の段階まで堆肥化を進めた生ごみを再生資源として堆肥に変え、花の苗を生産。生ごみと交換して提供される花の苗を育てる施設。

屋上庭園　古布をリサイクルしてできたフェルトで、生ゴミの堆肥等をサンドイッチしてできた厚さ10㎝の土壌に、芝生などの草花を植える。戸田市独自の屋上緑化システム「フェルトガーデン戸田」は、素材がオールリサイクルで、軽量・安価。また、屋上や壁面を緑化する建築物所有者に奨励補助金を交付する補助制度がある。

蕨（わらび）・戸田衛生組合　ごみの焼却等を担う中間処理組合（Ｐ２６３参照）。

引　用

坪井照子
台所から出発した環境市民活動　循環研通信〈JUNKAN　NO16　06・11〉

中村恵子
「住民がアイデア　ゴミ減量に成功」読売新聞　1990年6月10日　論点
「減量・資源化のウルトラC!?　先行・伊達市で効果大」東京新聞　1991年11月4日　首都圏TODAY

園田真見子
「4・25「どうする古紙暴落」緊急市民集会の報告に変えて」
ジャーナリスト　依田邦夫　古紙ネット　会報　創刊号

加納好子
久喜・宮代衛生組合生ごみ堆肥化推進委員会最終報告

福渡和子
「私が考える廃棄物問題とその解決策―家庭の生ごみリサイクルは、家庭での保管と民間活用の実現を―」
月刊廃棄物誌　09年7月号

「生ごみは可燃ごみか」幻冬舎ルネッサンス新書（２０１５年）

西岡政子

「焼却工場を休・廃止　港南、栄区の２ヶ所　―減量効果踏まえ、横浜市　建て替え費１１００億円の節減に」神奈川新聞　２００５年９月15日

「焼却施設停止⇩子供のぜんそく減る　横浜の市民団体研究発表」神奈川新聞　２００７年７月１日

池田こみち

「松葉で見えた　ダイオキシン」朝日新聞　２００２年２月６日　夕刊

「松葉のダイオキシン調査から見える諸課題　―市民参加による監視活動の背景」月刊廃棄物　２０１８年10月号

「何を測定するか―松葉調査の方法と原理　―市民参加を支える科学的裏付け」月刊廃棄物 ２０１８年11月号

「調査結果の活用―20年間の成果と活用」月刊廃棄物　２０１９年１月号

江尻京子

「みんなでつくるリサイクル」江尻京子著作（日報）２０００年６月

「陶磁器製食器のリサイクルの意義「ＴＡＭＡ」とことん討論会15周年記念誌」２００９年３月

吉田義枝

「生ごみ　花に換えて―事業拡大で障がい者雇用も」東京新聞　２０１０年２月21日

青木　泰　プロフィール

・シチズン時計研究所　研究員、技術開発や発明を仕事とし、その後中小企業の技術顧問。和歌山市出身、現在東京都東村山市在住。環境ジャーナリスト。

・水銀電池による環境汚染問題から廃棄物学会（現在廃棄物資源循環学会）に入会。その後、使い捨て電池を使わない太陽発電式腕時計エコドライブの開発、商品化。

・市民活動として、地元（東村山市）のごみ焼却炉建設問題に対して、「ごみ問題５市連絡会」（その後NPOに）を結成し、ダイオキシン汚染、重金属汚染、PM2.5による喘息への影響などに取り組む。事務局長を経て、理事長。

・環境総合研究所（青山貞一武蔵工業大学教授代表）が主宰する環境行政フォーラム（数百人の学会）にも入り、市民活動を担当。

・東日本大震災＆福島原発事故に際しては、2012年「326実行委員会」の事務局スタッフの一員として活動、がれきの広域化計画に反対して、全国講演活動。

・ごみ問題では、地元の柳泉園組合（東久留米市、清瀬市、保谷市、田無市〈後に保谷市と田無市は、西東京市に〉のごみを処理する一部事務組合）や東村山市の持つ清掃工場秋水園の環境汚染問題に取り組む。

・環境ジャーナリストとしては、「週刊金曜日」や「地方自治職員研修」、「月刊廃棄物」に加え、「紙の爆弾」「世界」などに投稿し、「プラスチックごみは燃やしてよいのか」（リサイクル文化社）「―ナウシカの世界がやってくる―空気と食べ物の放射能汚染」（リサイクル文化社）「引き裂かれた『絆』がれきトリック、環境省との攻防1000日」（鹿砦社）、「森友　ごみは無いのになぜ、８億円の値引き」（イマジン出版）など上梓。

SDGsの先駆者

9人の女性とごみ環境

発行日	2023年10月31日発行
編・著者	青木　泰©
印　刷	今井印刷株式会社
発行所	イマジン出版株式会社©
	〒112-0013　東京都文京区音羽1-5-8
	電話 03-3942-2520　FAX 03-3942-2623
	HP　http://www.imagine-j.co.jp

ISBN978-4-87299-946-4　C0036　¥1800E